风电项目竣工验收及资料管理

孟祥泽　主　编

刘纪法　张永法　王正志　副主编

U0199782

中国电力出版社
CHINA ELECTRIC POWER PRESS

内 容 提 要

本书共分九章，主要内容包括：风电工程验收，基本建设文件，竣工技术资料编制、整理与保管，施工组织设计编制，图纸会检和安全与技术交底，施工作业文件编制，施工验收表、施工技术记录编制，工程监理与质量监督检验资料，竣工图与工程总结。

本书可供从事风电工程建设的相关技术人员和管理人员借鉴使用，也可供大中专院校相关专业的师生参考。

图书在版编目（CIP）数据

风电项目竣工验收及资料管理 / 孟祥泽主编. —北京：中国电力出版社，2018.9（2022.2重印）
ISBN 978-7-5198-2299-6

Ⅰ. ①风… Ⅱ. ①孟… Ⅲ. ①风力发电–电力工程–工程验收②风力发电–电力工程–科技资料–资料管理 Ⅳ. ①TM614

中国版本图书馆 CIP 数据核字（2018）第 175069 号

出版发行：中国电力出版社
地　　址：北京市东城区北京站西街 19 号（邮政编码 100005）
网　　址：http://www.cepp.sgcc.com.cn
责任编辑：韩世韬　孙建英（010–63412369）
责任校对：黄　蓓　李　楠
装帧设计：郝晓燕
责任印制：蔺义舟

印　　刷：三河市航远印刷有限公司
版　　次：2018 年 9 月第一版
印　　次：2022 年 2 月北京第二次印刷
开　　本：710 毫米×1000 毫米　16 开本
印　　张：11.5
字　　数：206 千字
印　　数：1501—2000 册
定　　价：48.00 元

目前，由于能源环境问题日益严峻，世界各国相继将发展可再生能源列为重要目标，风电作为可再生、无污染的绿色新能源，在世界范围内得到快速发展。在我国，发展风电符合国家节能减排政策，有利于环境保护，发展势头更为迅猛，中国已发展成为世界第一风电大国。"十三五"风电发展规划提出，到2020 年，我国风电总装机容量将超过 2 亿 kW。

工程竣工验收时，提交一份符合国家要求的工程竣工档案资料，是竣工验收的必备条件之一。保证竣工档案资料能够真实反映工程的实际情况，应该做到档案资料编制工作与工程建设同步；竣工技术资料的积累、整理、编制、审核工作与施工同步进行。

为了使从事风电工程建设的工程技术人员熟悉和掌握风电项目的验收和资料编制工作，给广大工程技术人员提供编制档案资料的相关参考资料，我们在中国电力出版社和中国电建集团山东电力建设第一工程有限公司的大力支持下，编写了本书。在编写过程中，我们力求理论与实践相结合，期望本书能够对风电工程验收以及竣工技术资料的编制工作起到积极的作用。

本书共分九章，主要内容包括：风电工程验收，基本建设文件，竣工技术资料编制、整理与保管，施工组织设计编制，图纸会检和安全与技术交底，施工作业文件编制，施工验收表、施工技术记录编制，工程监理与质量监督检验资料，竣工图与工程总结。本书可供从事风电工程建设的相关技术人员和管理人员借鉴使用，也可供大中专院校相关专业的师生参考。

本书由孟祥泽主编，刘纪法、张永法、王正志副主编。参加编写的还有宋作印、孟令晋、董文强、刘圣文、李海、张宏伟、房秀玲、徐子越、岳文奇、刘保峰、刘建伟、闻鹏德。本书由孟祥泽统稿并定稿。

本书在编写过程中得到了中国电力出版社、中国电建集团山东电力建设第一工程有限公司、华电莱州发电有限公司、寿光市纪台镇教育管理办公室、莱州珠江村镇银行股份有限公司的大力支持，在此表示感谢。

由于编写时间仓促，加之水平有限，疏漏和不足在所难免，尚希专家、学者及广大工程技术人员批评、指正，并提出修改意见，以便进一步修订。

编 者

2018 年 5 月

目 录

前言

第一章 风电工程验收

第一节 工程验收组织机构及职责

一、单位工程完工验收领导小组

1. 组成

单位工程完工验收领导小组由建设单位组建。单位工程完工验收领导小组设组长 1 名、副组长 2 名、组员若干名，由建设、设计、监理、质监、施工、安装、调试等有关单位负责人及有关专业技术人员组成。

2. 职责

（1）负责指挥、协调各单位工程、各阶段、各专业的检查验收工作。

（2）根据各单位工程进度及时组织相关单位、相关专业人员成立相应的验收检查小组，负责该项单位工程完工验收。

（3）负责对各单位工程做出评价，对检查中发现的缺陷提出整改意见，并督促有关单位限期消缺整改和组织有关人员进行复查。

（4）在工程整套启动试运前，应负责组织、主持单机启动调试试运验收，确保工程整套启动试运顺利进行。

（5）协同项目法人单位组织、协调工程整套启动试运验收准备工作，拟定工程整套启动试运方案和安全措施。

二、工程整套启动验收委员会

1. 组成

工程整套启动验收委员会（以下简称"启委会"）由项目法人单位组建。启委会设主任委员 1 名、副主任委员和委员若干名。一般由项目法人、建设、质监、监理、设计、调试、当地电网调度、生产等有关单位和投资方、工程主管、政府有关部门等有关代表、专家组成。组成人员名单由项目法人单位与相关单位协商确定。施工、制造厂等参建单位列席工程整套启动验收。

启委会宜下设整套试运组、专业检查组、综合组、生产准备组。各组组长与组员由启委会确定。

2. 职责

（1）必须在工程整套启动试运前组成并开始工作，负责主持、指挥工程整套启动试运工作。

（2）审议建设单位有关工程整套启动试运准备情况的汇报，协调工程整套启动试运的外部条件，决定工程整套启动试运方案、时间、程序和其他有关事项。

（3）主持现场工程整套启动，组织各专业组在启动前后及启动试运中进行对口验收检查。

（4）审议各专业组验收检查结果，对工程做出总体评价，协调处理工程整套启动试运后的未完事项与缺陷。

（5）审议生产单位的生产准备情况，对工程移交生产准备工作提出要求。

3. 整套试运组职责

（1）核查工程整套启动试运应具备的条件及单机启动调试试运情况。

（2）审核工程整套启动试运计划、方案、安全措施。

（3）全面负责工程整套启动试运的现场指挥和具体协调工作。

4. 专业检查组职责

（1）负责各单位工程质量验收检查与评定。

（2）检查各单位工程施工记录和验收记录、图纸资料和技术文件。

（3）核查设备、材料、备品配件、专用仪器、专用工器具使用和配置情况。

（4）核查变电设备和输电线路技术性能指标、合格证件及技术说明书等有关资料。

（5）核查风力发电机组技术性能指标。

（6）在工程整套启动开始前后进行现场核查，给出检查评定结论。

（7）对存在的问题、缺陷提出整改意见。

5. 综合组职责

（1）负责文秘、资料和后勤服务等综合管理工作。

（2）核查、协调工程整套启动试运现场的安全、消防和治安保卫工作。

（3）发布试运信息。

6. 生产准备组职责

（1）检查运行和检修人员的配备和培训情况。

（2）检查所需的标准、制度、图表、记录簿、安全工器具等配备情况。

（3）协同项目法人单位或建设单位完成消缺和实施未完项目等。

三、工程移交生产验收组

1. 组成

工程移交生产验收组由项目法人单位筹建。根据工程具体情况，工程移交生产验收组可设组长 1 名、副组长 2 名、组员若干名，其成员由项目法人单位、生产单位、建设单位、监理单位和投资方有关人员组成。

设计单位、各施工单位、调试单位和制造厂列席工程移交生产验收。

2. 职责

（1）主持工程移交生产验收交接工作。

（2）审查工程移交生产条件，对遗留问题责成有关单位限期处理。

（3）办理交接签证手续。

四、工程竣工验收委员会

1. 组成

工程竣工验收委员会由项目法人单位负责筹建。竣工验收委员会设主任 1 名，副主任、委员若干名，由政府相关主管部门、电力行业相关主管部门、项目法人单位、生产单位、银行（贷款项目）、审计、环境保护、消防、质量监督等行政主管部门及投资方等单位代表和有关专家组成。

工程建设、设计、施工、监理单位作为被验收单位，不参加验收委员会，但应列席验收委员会会议，负责解答验收委员会的质疑。

2. 职责

（1）主持工程竣工验收。

（2）在工程整套启动验收的基础上进一步审查工程建设情况、工程质量，总结工程建设经验。

（3）审查工程投资竣工决算。

（4）审查工程投资概预算执行情况。

（5）对工程遗留问题提出处理意见。

（6）对工程做出综合评价，签发工程竣工验收鉴定书。

五、工程建设相关单位职责

1. 建设单位职责

（1）应全面协同项目法人单位做好各阶段验收及验收过程中的组织管理工作。

（2）参加各阶段、各专业组的检查、协调工作。

（3）协调解决合同执行中的问题和外部联系等。

（4）为工程整套启动试运验收提供工程建设总结。

（5）为工程竣工验收提供工程竣工报告、工程概预算执行情况报告及水土保持、环境保护方案执行报告。

（6）配合有关单位做好工程竣工决算及审计工作。

2. 施工单位职责

（1）应完成启动试运需要的建筑和安装工程。

（2）提交完整的施工记录、试验记录、竣工图纸、文件、资料、施工总结。

（3）各自做好验收、启动试运中的安全隔离措施。

（4）协同建设单位做好单位工程、启动试运、移交生产验收前的现场安全、消防、治安保卫、消缺检修等工作。

3. 调试单位职责

（1）负责编写调试大纲并协同拟定工程整套启动试运方案和措施。

（2）解决处理验收、试运中出现的问题、缺陷。

（3）对调试安全、质量负责。

（4）提交完整的设备安装调试记录、调试报告和调试工作总结及竣工图纸、文件、产品说明书等资料。

4. 生产单位职责

（1）应在工程整套启动前，负责完成各项生产准备工作。

（2）为工程整套启动试运验收提供生产准备报告。

（3）参加验收、试运、移交生产验收签证。

（4）做好运行设备与试运设备的安全隔离措施。

（5）移交生产后，全面负责机组的安全运行和维护管理工作。

5. 设计单位职责

（1）应负责处理设计中的技术问题，负责必要的设计修改。

（2）对工程设计方案、设计质量负责，为工程验收提供设计总结报告。

6. 设备制造单位职责

（1）应按合同进行技术服务和指导，保证设备性能。

（2）及时消除设备缺陷，处理制造厂应负责解决的问题。

（3）协助处理非责任性的设备问题等。

7. 质监部门职责

（1）应按规定对工程施工建设、工程启动试运进行质量监督。

（2）对工程质量做出评定，签发各单位工程质量等级证书。

（3）为工程整套启动试运验收提供工程质量监督报告。

8. 监理单位职责

（1）应按合同进行工程全过程的监理工作。

（2）为工程整套启动试运验收提供工程监理报告。

9. 电网调度部门职责

（1）应及时提供归其管辖的主设备和继电保护装置整定值。

（2）核查并网机组的通信、远动、保护、自动化和运行方式等实施情况。

（3）审批并网请求与电网运行相关的试验方案。

第二节　单位工程完工验收

一、一般要求

单位工程可按风力发电机组、升压站、线路、建筑、交通五大类进行划分，每个单位工程是由若干个分部工程组成的，它具有独立的、完整的功能。

单位工程完工后，施工单位应向建设单位提出验收申请，单位工程验收领导小组应及时组织验收。同类单位工程完工验收可按完工日期先后分别进行，也可按部分或全部同类单位工程一道组织验收。对于不同类单位工程，如完工日期相近，为减少组织验收次数，单位工程验收领导小组也可按部分或全部各类单位工程一道组织验收。

单位工程完工验收必须按照设计文件及有关标准进行。验收重点是检查工程内在质量，质监部门应有签证意见。

单位工程完工验收结束后，建设单位应向项目法人单位报告验收结果，工程合格应签发单位工程完工验收鉴定书（内容与格式如下）。

××单位工程完工验收鉴定书

前言

（简述验收主持单位、参加单位、验收时间与地点等）

一、工程概况

（一）工程位置（部位）及任务

（二）工程主要建设内容

包括工程规模、主要工程量。

（三）工程建设有关单位

包括建设、设计、施工、主要设备制造、监理、咨询、质量监督等单位。

二、工程建设情况

包括施工准备、开工日期、完工日期、验收时工程面貌、实际完成工程量（与设计、合同量对比）、工程建设中采用的主要措施及其效果、工程缺陷处理情况等。

三、工程质量验收情况

（一）分部工程质量核定意见

（二）外观评价

（三）单位工程总体质量核定意见

四、存在的主要问题及处理意见

包括处理方案、措施、责任单位、完成时间以及复验责任单位等。

五、验收结论

包括对工程工期、质量、技术要求是否达到批准的设计标准，工程档案资料是否符合要求，以及是否同意交工等，均应有明确的定语。

六、验收组成员签字

见"××单位工程完工验收组成员签字表"。

七、参建单位代表签字

见"××单位工程参建单位代表签字表"。

××单位工程完工验收	××单位工程完工验收组
主持单位（盖章）：	组长（签字）：
年 月 日	年 月 日

二、风力发电机组安装工程验收

每台风力发电机组的安装工程为一个单位工程，它由风力发电机组基础、风力发电机组安装、风力发电机监控系统、塔架、电缆、箱式变电站、防雷接地网七个分部工程组成。各分部工程完工后必须及时组织有监理参加的自检验收。

（一）工程验收依据

风力发电机组安装工程验收应按下列主要标准、技术资料及其他有关规定进行检查：

（1）GB 50168—2016　电气装置安装工程　电缆线路施工及验收规范；

（2）GB 50204—2015　混凝土结构工程施工质量验收规范；

（3）GB 50303—2015　建筑电气工程施工质量验收规范；

（4）DL/T 666—2012　风电场运行规程；

（5）DL/T 869—2012　火力发电厂焊接技术规程；

（6）风电机组技术说明书、使用手册和安装手册；

（7）风电机组订货合同中的有关技术性能指标要求；

（8）风力发电机组塔架及其基础设计图纸与有关技术要求。

（二）验收应检查项目

1. 风力发电机组基础

（1）基础尺寸、钢筋规格、型号、钢筋网结构及绑扎、混凝土试块试验报告及浇注工艺等应符合设计要求。

（2）基础浇注后应保养 28 天后方可进行塔架安装，塔架安装时基础的强度不应低于设计强度的 75%。

（3）基础埋设件应与设计相符。

2. 风力发电机组安装

（1）风轮、传动机构、增速机构、发电机、偏航机构、气动刹车机构、机械刹车机构、冷却系统、液压系统、电气控制系统等部件、系统应符合合同中的技术要求。

（2）液压系统、冷却系统、润滑系统、齿轮箱等无漏、渗油现象，且油品符合要求，油位应正常。

（3）机舱、塔内控制柜、电缆等电气连接应安全可靠，相序正确。接地应牢固可靠。应有防振、防潮、防磨损等安全措施。

3. 风力发电机组监控系统

（1）各类控制信号传感器等零部件应齐全完整，连接正确，无损伤，其技术参数、规格型号应符合合同中的技术要求。

（2）机组与中央监控、远程监控设备安装连接应符合设计要求。

4. 塔架

（1）表面防腐涂层应完好无锈色、无损伤。

（2）塔架材质、规格型号、外形尺寸、垂直度、端面平行度等应符合设计要求。

（3）塔筒、法兰焊接应经探伤检验并符合设计标准。

（4）塔架所有对接面的紧固螺栓强度应符合设计要求。应使用专门装配工具拧紧到厂家规定的力矩。检查各段塔架法兰结合面，应接触良好，符合设计要求。

5. 电缆

（1）在验收时，应按 GB 50168—2016《电气装置安装工程电缆线路施工及验收规范》的要求进行检查。

（2）电缆外露部分应有安全防护措施。

6. 箱式变电站

（1）箱式变电站的电压等级、铭牌出力、回路电阻、油温应符合设计要求。

（2）绕组、套管和绝缘油等试验均应遵照 GB 50150—2016《电气装置安装工程电气设备交接试验标准》的规定进行。

（3）部件和零件应完整齐全，压力释放阀、负荷开关、接地开关、低压配电装置、避雷装置等电气和机械性能应良好，无接触不良和卡涩现象。

（4）冷却装置运行正常，散热器及风扇齐全。

（5）主要表计、显示部件完好准确，熔丝保护、防爆装置和信号装置等部件应完好、动作可靠。

（6）一次回路设备绝缘及运行情况良好。

（7）变压器本身及周围环境整洁、无渗油，照明良好，标志齐全。

7. 防雷接地网

（1）防雷接地网的埋设、材料应符合设计要求。

（2）连接处焊接牢靠，接地网引出处应符合要求，且标志明显。

（3）接地网接地电阻应符合风力发电机组设计要求。

（三）验收应具备的条件

（1）各分部工程自检验收必须全部合格。

（2）施工、主要工序和隐蔽工程检查签证记录、分部工程完工验收记录、缺陷整改情况报告及有关设备、材料、试件的试验报告等资料应齐全完整，并已分类整理完毕。

（四）主要验收工作

（1）检查风力发电机组、箱式变电站的规格型号、技术性能指标及技术说明书、试验记录、合格证件、安装图纸、备品配件和专用工器具及其清单等。

（2）检查各分部工程验收记录、报告及有关施工中的关键工序和隐蔽工程检查、签证记录等资料。

（3）按（二）中验收应检查项目的要求检查工程施工质量。

（4）对缺陷提出处理意见。

（5）对工程做出评价。

（6）做好验收签证工作。

三、升压站设备安装调试工程验收

升压站设备安装调试单位工程包括主变压器、高压电器、低压电器、母线装置、盘柜及二次回路接线、低压配电设备等的安装调试及电缆铺设、防雷接地装置八个分部工程。各分部工程完工后必须及时组织有监理参加的自检验收。

（一）工程验收依据

升压站设备安装调试工程验收应按下列标准、技术资料及有关规定进行检查：

（1）GB 50150—2016　电气装置安装工程　电气设备交接试验标准；

（2）GB 50168—2016　电气装置安装工程　电缆线路施工及验收规范；

（3）GB 50169—2016　电气装置安装工程　接地装置施工及验收规范；

（4）GB 50171—2012　电气装置安装工程　盘、柜及二次回路接线施工及验收规范；

（5）GB 50254—2014　电气装置安装工程　低压电器施工及验收规范；

（6）GB 50303—2015　建筑电气工程施工质量验收规范；

（7）GB 50147—2010　高压电器施工及验收规范；

（8）GB 50148—2010　电气装置安装工程　电力变压器、油浸电抗器、互感器施工及验收规范；

（9）GB 50149—2010　电气装置安装工程　母线装置施工及验收规范；

（10）设备技术性能说明书；

（11）设备订货合同及技术条件；

（12）电气施工设计图纸及资料。

（二）验收应检查项目

1. 主变压器

（1）本体、冷却装置及所有附件应无缺陷，且不渗油。

（2）油漆应完整，相色标志正确。

（3）变压器顶盖上应无遗留杂物，环境清洁无杂物。

（4）事故排油设施应完好，消防设施安全。

（5）储油柜、冷却装置、净油器等油系统上的油门均应打开，且指示正确。

（6）接地引下线及其与主接地网的连接应满足设计要求，接地应可靠。

（7）分接头的位置应符合运行要求。有载调压切换装置远方操动应动作可靠，指示位置正确。

（8）变压器的相位及绕组的接线组别应符合并列运行要求。

（9）测温装置指示正确，整定值符合要求。

（10）全部电气试验应合格，保护装置整定值符合规定，操动及联动试验正确。冷却装置运行正常，散热装置齐全。

2. 高、低压电器

（1）电器型号、规格应符合设计要求。电器外观完好，绝缘器件无裂纹，绝缘电阻值符合要求，绝缘良好。相色正确，电器接零、接地可靠。电器排列整齐，连接可靠，接触良好，外表清洁完整。

（2）高压电器的瓷件质量应符合现行国家标准和有关瓷产品技术条件的规定。

（3）断路器无渗油，油位正常，操动机构的联动正常，无卡涩现象。

（4）组合电器及其传动机构的联动应正常，无卡涩。

（5）开关操动机构、传动装置、辅助开关及闭锁装置应安装牢靠，动作灵活可靠，位置指示正确，无渗漏。

（6）电抗器支柱完整，无裂纹，支柱绝缘子的接地应良好。

（7）避雷器应完整无损，封口处密封良好。

（8）低压电器活动部件动作灵活可靠，连锁传动装置动作正确，标志清晰。通电后操作灵活可靠，电磁器件无异常响声，触头压力，接触电阻符合规定。

（9）电容器布置接线正确，端子连接可靠，保护回路完整，外壳完好无渗油现象，支架外壳接地可靠，室内通风良好。

（10）互感器外观应完整无缺损，油浸式互感器应无渗油，油位指示正常，保护间隙的距离应符合规定，相色应正确，接地良好。

3. 盘、柜及二次回路接线

（1）固定和接地应可靠，漆层完好、清洁整齐。

（2）电器元件齐全完好，安装位置正确，接线准确，固定连接可靠，标志齐全清晰，绝缘符合要求。

（3）手车开关柜推入与拉出应灵活，机械闭锁可靠。

（4）柜内一次设备的安装质量符合要求，照明装置齐全。

（5）盘、柜及电缆管道安装后封堵完好，应有防积水、防结冰、防潮、防雷措施。

（6）操动与联动试验正确。

（7）所有二次回路接线准确，连接可靠，标志齐全清晰，绝缘符合要求。

4. 母线装置

（1）金属加工、配制，螺栓连接、焊接等应符合国家现行标准的有关规定。

（2）所有螺栓、垫圈、闭口销、锁紧销、弹簧垫圈、锁紧螺母齐全、可靠。

（3）母线配制及安装架设应符合设计规定，且连接正确，接触可靠。

（4）瓷件完整、清洁，软件和瓷件胶合完整无损，充油套管无渗油，油位正确。

（5）油漆应完好，相色正确，接地良好。

5. 电缆

（1）规格符合规定，排列整齐，无损伤，相色、路径标志齐全、正确、清晰。

（2）电缆终端、接头安装牢固，弯曲半径、有关距离、接线相序和排列符合要求，接地良好。

（3）电缆沟无杂物，盖板齐全，照明、通风、排水设施、防火措施符合设计要求。

（4）电缆支架等的金属部件防腐层应完好。

6. 低压配电设备

（1）设备柜架和基础必须接地或接零可靠。

（2）低压成套配电柜、控制柜、照明配电箱等应有可靠的电击保护。

（3）手车、抽出式配电柜推拉应灵活，无卡涩、碰撞现象。

（4）箱（盘）内配线整齐，无绞接现象，箱内开关动作灵活可靠。

（5）低压成套配电柜交接试验和箱、柜内的装置应符合设计要求及有关规定。

（6）设备部件齐全，安装连接应可靠。

7. 防雷接地装置

（1）整个接地网外露部分的连接应可靠，接地线规格正确，防腐层应完好，标志齐全明显。

（2）避雷针（罩）的安装位置及高度应符合设计要求。

（3）工频接地电阻值及设计要求的其他测试参数应符合设计规定。

（三）验收应具备的条件

（1）各分部工程自查验收必须全部合格。

（2）倒送电冲击试验正常，且有监理签证。

（3）设备说明书、合格证、试验报告、安装记录、调度记录等资料齐全完整。

（四）主要验收工作

（1）检查电气设备安装调试是否符合设计要求。

（2）检查制造厂提供的产品说明书、试验记录、合格证件、安装图纸、备品备件和专用工具及其清单。

（3）检查安装调试记录和报告、各分部工程验收记录和报告及施工中的关键工序和隐蔽工程检查签证记录等资料。

（4）按（二）中验收应检查项目的要求检查工程质量。

（5）对缺陷提出处理意见。

（6）对工程做出评价。

（7）做好验收签证工作。

四、场内电力线路工程验收

场内架空电力线路工程和电力电缆工程分别以一条独立的线路为一个单位工程。每条架空电力线路工程是由电杆基坑及基础埋设、电杆组立与绝缘子安装、拉线安装、导线架设四个分部工程组成。每条电力电缆工程是由电缆沟制作、电缆保护管的加工与敷设、电缆支架的配制与安装、电缆的敷设、电缆终端和接头的制作五个分部工程组成。每个单位工程的各分部工程完工后，必须及时组织有监理参加的自检验收。

（一）工程验收依据

场内电力线路工程验收应按下列标准、技术资料进行检查：

（1）GB 50168—2016 电气装置安装工程 电缆线路施工及验收规范；

（2）GB 50173—2014 电气装置安装工程 66kV 及以下架空电力线路施工及验收规范；

（3）GB/T 7233.1—2009 铸钢件 超声检测 第 1 部分：一般用途铸钢件；

（4）架空电力线路勘测设计、施工图纸及其技术资料；

（5）施工合同。

（二）验收应检查项目

（1）电力线的规格型号应符合设计要求，外部无损坏。

（2）电力线应排列整齐，标志应齐全、正确、清晰。

（3）电力线终端接头安装应牢固，相色应正确。

（4）采用的设备、器材及材料应符合国家现行技术标准的规定，并应有合格证件，设备应有铭牌。

（5）电杆组立、拉线制作与安装、导线弧垂、相间距离、对地距离、对建筑物接近距离及交叉跨越距离等均应符合设计要求。

（6）架空线沿线障碍应已清除。

（7）电缆沟应无杂物，盖板齐全，照明、通风、排水系统、防火措施应符合设计要求。

（8）接地良好，接地线规格正确，连接可靠，防腐层完好，标志齐全明显。

（三）验收应具备的条件

（1）各分部工程自检验收必须全部合格。

（2）有详细施工记录、隐蔽工程验收检查记录、中间验收检查记录及监理验收检查签证。

（3）器材型号规格及有关试验报告、施工记录等资料应齐全完整。

（四）验收主要工作

（1）检查电力线路工程是否符合设计要求。

（2）检查施工记录、中间验收记录、隐蔽工程验收记录、各分部工程自检验收记录及工程缺陷整改情况报告等资料。

（3）按（二）中验收应检查项目的要求检查工程质量。

（4）在冰冻、雷电严重的地区，应重点检查防冰冻、防雷击的安全保护设施。

（5）对缺陷提出处理意见。

（6）对工程做出评价。

（7）做好验收签证工作。

五、中控楼和升压站建筑工程验收

中控楼和升压站建筑工程一般由基础（包括主变压器基础）、框架、砌体、层面、楼地面、门窗、装饰、室内外给排水、照明、附属设施（电缆沟、接地、场地、围墙、消防通道）等10个分部工程组成，各分部工程完工后，必须及时组织有监理参加的自检验收。

（一）工程验收依据

中控楼和升压站建筑等工程验收应按下列标准、技术资料及有关规定进行检查：

（1）GB 50204—2015　混凝土结构工程施工质量验收规范；

（2）GB 50303—2015　建筑电气工程施工质量验收规范；

（3）GB 50300—2013　建筑工程施工质量验收统一标准；

（4）DL/T 869—2012　火力发电厂焊接技术规程；

（5）设计图纸及技术要求；

（6）施工合同及有关技术说明。

（二）验收应检查项目

（1）建筑整体布局应合理、整洁美观。

（2）房屋基础、主变压器基础的混凝土及钢筋试验强度应符合设计要求。

（3）屋面隔热、防水层符合要求，层顶无渗漏现象。

（4）墙面砌体无脱落、雨水渗漏现象。

（5）开关柜室防火门符合安全要求。

（6）照明器具、门窗安装质量符合设计要求。

（7）电缆沟、楼地面与场地无积水现象。

（8）室内外给排水系统良好。

（9）接地网外露连接体及预埋件符合设计要求。

（三）验收应具备的条件

（1）所有分部工程已经验收合格，且有监理签证。

（2）施工记录、主要工序及隐蔽工程检查签证记录，钢筋和混凝土试块试验报告、缺陷整改报告等资料齐全完整。

（四）验收主要工作

（1）检查建筑工程是否符合施工设计图纸、设计更改联系单及施工技术要求。

（2）检查各分部工程施工记录及有关材料合格证、试验报告等。

（3）检查各主要工艺、隐蔽工程监理检查记录与报告，检查施工缺陷处理情况。

（4）按（二）中验收应检查项目的要求检查建筑工程形象面貌和整体质量。

（5）对检查中发现的遗留问题提出处理意见。

（6）对工程进行质量评价。

（7）做好验收签证工作。

六、交通工程验收

交通工程中每条独立的新建（或扩建）公路为一个单位工程。单位工程一般由路基、路面、排水沟、涵洞、桥梁等分部工程组成。各分部工程完工后，必须及时组织有监理参加的自检验收。

（一）工程验收依据

交通工程验收应按下列有关文件资料进行检查：

（1）公路施工设计图纸及有关技术条件；

（2）施工合同。

（二）验收应具备的条件

（1）各分部工程已经自查验收合格，且有监理部门签证。

（2）施工记录、设计更改、缺陷整改等有关资料齐全完好。

（三）验收主要工作

（1）检查工程质量是否符合设计要求。可采用模拟试通车来检查涵洞、桥梁、路基、路面、转弯半径是否符合风力发电设备运输要求。

（2）检查施工记录、分部工程自检验收记录等有关资料。

（3）对工程缺陷提出处理要求。

（4）对工程做出评价。

（5）做好验收签证工作。

第三节 工程启动试运验收

一、一般要求

（1）工程启动试运可分为单台机组启动调试试运、工程整套启动试运两个阶段。各阶段验收条件成熟后，建设单位应及时向项目法人单位提出验收申请。

（2）单台风力发电机组安装工程及其配套工程完工验收合格后，应及时进行单台机组启动调试试运工作，以便尽早上网发电。试运结束后，必须及时组织验收。

（3）本期工程最后一台风力发电机组调试试运验收结束后，必须及时组织工程整套启动试运验收。

二、单台机组启动调试试运验收

1. 验收应具备的条件

（1）风力发电机组安装工程及其配套工程均应通过单位工程完工验收。

（2）升压站和场内电力线路已与电网接通，通过冲击试验。

（3）风力发电机组必须已通过下列试验：① 紧急停机试验；② 振动停机试验；③ 超速保护试验。

（4）风力发电机组经调试后，安全无故障连续并网运行不得少于 240h。

2. 验收检查项目

（1）风力发电机组的调试记录、安全保护试验记录、240h 连续并网运行记录。

（2）按照合同及技术说明书的要求，核查风力发电机组各项性能技术指标。

（3）风力发电机组自动、手动启停操作控制是否正常。

（4）风力发电机组各部件温度有无超过产品技术条件的规定。

（5）风力发电机组的滑环及电刷工作情况是否正常。

（6）齿轮箱、发电机、油泵电动机、偏航电动机、风扇电机转向应正确、无异声。

（7）控制系统中软件版本和控制功能、各种参数设置应符合运行设计要求。

（8）各种信息参数显示应正常。

3．验收主要工作

（1）按 2 中验收检查项目的要求对风力发电机组进行检查。

（2）对验收检查中的缺陷提出处理意见。

（3）与风力发电机组供货商签署调试、试运验收意见。

三、工程整套启动试运验收

（一）验收应具备的条件

（1）各单位工程完工验收和各台风力发电机组启动调试试运验收均应合格，能正常运行。

（2）当地电网电压稳定，电压波动幅度不应大于风力发电机组规定值。

（3）历次验收发现的问题已基本整改完毕。

（4）在工程整套启动试运前质监部门已对本期工程进行全面的质量检查。

（5）生产准备工作已基本完成。

（6）验收资料已按电力行业工程建设档案管理规定整理、归档完毕。

（二）验收时应提供的资料

1．工程总结报告

（1）建设单位的建设总结。

（2）设计单位的设计报告。

（3）施工单位的施工总结。

（4）调试单位的设备调试报告。

（5）生产单位的生产准备报告。

（6）监理单位的监理报告。

（7）质监部门质量监督报告。

2．备查文件、资料

（1）施工设计图纸、文件（包括设计更改联系单等）及有关资料。

（2）施工记录及有关试验检测报告。

（3）监理、质监检查记录和签证文件。

（4）各单位工程完工与单机启动调试试运验收记录、签证文件。

（5）历次验收所发现的问题整改消缺记录与报告。

（6）工程项目各阶段的设计与审批文件。

（7）风力发电机组、变电站等设备产品技术说明书、使用手册、合格证件等。

（8）施工合同、设备订货合同中有关技术要求文件。

（9）生产准备中的有关运行规程、制度及人员编制、人员培训情况等资料。

（10）有关传真、工程设计与施工协调会议纪要等资料。

（11）土地征用、环境保护等方面的有关文件资料。

（12）工程建设大事记。

3. 验收检查项目

（1）检查所提供的资料是否齐全完整，是否按电力行业档案管理规定归档。

（2）检查、审议历次验收记录与报告，抽查施工、安装调试等记录，必要时进行现场复核。

（3）检查工程投运的安全保护设施与措施。

（4）各台风力发电机组遥控功能测试应正常。

（5）检查中央监控与远程监控工作情况。

（6）检查设备质量及每台风力发电机组 240h 试运结果。

（7）检查历次验收所提出的问题处理情况。

（8）检查水土保持方案落实情况。

（9）检查工程投运的生产准备情况。

（10）检查工程整套启动试运情况。

4. 验收工作程序

（1）召开预备会：

1）审议工程整套启动试运验收会议准备情况。

2）确定验收委员会成员名单及分组名单。

3）审议会议日程安排及有关安全注意事项。

4）协调工程整套启动的外部联系。

（2）召开第一次大会：

1）宣布验收会议程。

2）宣布验收委员会委员名单及分组名单。

3）听取建设单位"工程建设总结"。

4）听取监理单位"工程监理报告"。

5）听取质监部门"工程质量监督检查报告"。

6）听取调试单位"设备调试报告"。

（3）分组检查：

1）各检查组分别听取相关单位施工汇报。

2）检查有关文件、资料。

3）现场核查。

4）工程整套启动试运。工程整套启动开始，所有机组及其配套设备投入运行；检查机组及其配套设备试运情况。

5）召开第二次大会。听取各检查组汇报，宣读"工程整套启动试运验收鉴定书"（内容与格式如下）。

<h2 style="text-align:center">××工程整套启动试运验收鉴定书</h2>

前言

（简述整套启动验收主持单位、参加单位、验收时间与地点等）

一、工程概况

（一）工程名称及位置

（二）工程主要建设内容

包括设计批准机关及文号、批准建设工期、工程总投资、投资来源等，叙述到单位工程。

（三）工程建设有关单位

包括建设、设计、施工、主要设备制造、监理、咨询、质量监督、运行管理等单位。

二、工程建设情况

（一）工程开工日期及完工日期

包括主要项目的施工情况及开工和完工日期、施工中发现的主要问题及处理情况等。

（二）工程完成情况和主要工程量

包括整套启动验收时工程形象面貌、实际完成工程量与批准设计工程量对比等。

（三）建设征地补偿

包括征地批准数与实际完成数等。

（四）水土保持、环境保护方案落实情况。

三、概算执行情况

包括年度投资计划执行、概算及调整等情况。

四、单位工程验收及单台机组调试试运验收情况

包括验收时间、主持单位、遗留问题处理。

五、工程质量鉴定

包括审核单位工程质量，鉴定整套工程质量等级。

六、存在的主要问题及处理意见

包括整套启动验收遗留问题处理责任单位、完成时间，工程存在问题的处理建议，对工程运行管理的建议等。

七、根据验收情况，明确工程移交生产验收有关事宜

八、验收结论

包括对工程规模、工期、质量、投资控制、能否按批准设计投入使用，以及工程档案资料整理等做出明确的结论（对工期使用提前、按期、延期，对质量使用合格、优良，对投资控制使用合理、基本合理、不合理，对工程建设规模使用全部完成、基本完成、部分完成等应有明确术语）。

九、验收委员会委员签字

见"××工程整套启动验收委员会委员签字表"。

十、参建单位代表签字

见"××工程参建单位代表签字表"。

十一、保留意见（应有本人签字）

见附件。

工程整套启动试运验收　　　　　　　启委会主任委员（签字）：

主持单位（盖章）：

　　　　年　月　日　　　　　　　　　　　年　月　日

5. 验收主要工作

（1）审定工程整套启动方案，主持工程整套启动试运。

（2）审议工程建设总结、质监报告和监理、设计、施工等总结报告。

（3）按 3 中验收检查项目的要求分组进行检查。

（4）协调处理启动试运中有关问题，对重大缺陷与问题提出处理意见。

（5）确定工程移交生产期限，并提出移交生产前应完成的准备工作。

（6）对工程做出总体评价。

（7）签发"工程整套启动试运验收鉴定书"。

第四节　工程移交生产验收

工程移交生产前的准备工作完成后，建设单位应及时向项目法人单位提出工程移交生产验收申请。项目法人单位应转报投资方审批。经投资方同意后，项目法人单位应及时筹办工程移交生产验收。

根据工程实际情况，工程移交生产验收可以在工程竣工验收前进行。

一、验收应具备的条件

（1）设备状态良好，安全运行无重大考核事故。

（2）对工程整套启动试运验收中所发现的设备缺陷已全部消缺。

（3）运行维护人员已通过业务技能考试和安规考试，能胜任上岗。

（4）各种运行维护管理记录簿齐全。

（5）风力发电场和变电运行规程、设备使用手册和技术说明书及有关规章制度等齐全。

（6）安全、消防设施齐全良好，且措施落实到位。

（7）备品配件及专用工器具齐全完好。

二、验收应提供的资料

（1）提供全套按工程启动试运验收时应提供的资料。

（2）设备、备品配件及专用工器具清单。

（3）风力发电机组实际输出功率曲线及其他性能指标参数。

三、验收检查项目

（1）清查设备、备品配件、工器具及图纸、资料、文件。

（2）检查设备质量情况和设备消缺情况及遗留的问题。

（3）检查风力发电机组实际功率特性和其他性能指标。

（4）检查生产准备情况。

四、验收主要工作

（1）按验收检查项目的要求进行认真检查。

（2）对遗留的问题提出处理意见。

（3）对生产单位提出运行管理要求与建议。

（4）在"工程移交生产验收交接书"上履行签字手续（内容与格式如下），并上报投资方备案。

××工程移交生产验收交接书

前言

（简述移交生产验收主持单位、参加单位、验收时间与地点等）

一、工程概况

（一）工程名称及位置

（二）工程主要建设内容

包括工程批准文件、规模、总投资、投资来源。

（三）工程建设有关单位

（四）工程完成情况

包括开工日期及完工日期、施工发现的问题及处理情况

（五）建设征地补偿情况

二、生产准备情况

包括生产单位运行维护人员上岗培训情况。

三、设备备件、工器具、资料等清查交接情况

应附交接清单。

四、存在的主要问题

五、对工程运行管理的建议

六、验收结论

七、验收组成员签字

见"××工程移交生产验收组成员签字表"。

八、交接单位代表签字

见"××工程移交生产验收交接单位代表签字表"。

工程移交生产验收　　　　　　工程移交生产验收组

主持单位（盖章）：　　　　　　　组长（签字）：

　年　月　日　　　　　　　　　年　月　日

五、简化移交生产签字手续

若建设单位既承担工程建设又承担本期工程投产后运行生产管理，则移交生产签字手续可适当简化，但移交生产验收有关工作仍应按规定进行。

第五节　工 程 竣 工 验 收

工程竣工验收应在工程整套启动试运验收后 6 个月内进行。当完成工程决算审查后，建设单位应及时向项目法人单位申请工程竣工验收。项目法人单位应上报工程竣工验收主持单位审批。

工程竣工验收申请报告批复后，项目法人单位应筹建工程竣工验收委员会。

一、验收应具备的条件

（1）工程已按批准的设计内容全部建成。由于特殊原因致使少量尾工不能完成的除外，但不得影响工程正常安全运行。

（2）设备状态良好，各单位工程能正常运行。

（3）历次验收所发现的问题已基本处理完毕。

（4）归档资料符合电力行业工程档案资料管理的有关规定。

（5）工程建设征地补偿和征地手续等已基本处理完毕。

（6）工程投资全部到位。

（7）竣工决算已经完成并通过竣工审计。

二、工程竣工验收应提供的资料

（1）按工程移交生产验收应提供的资料要求提供资料。

（2）工程竣工决算报告及其审计报告。

（3）工程概预算执行情况报告。

（4）水土保持、环境保护方案执行报告。

（5）工程竣工报告。

三、验收检查项目

（1）检查竣工资料是否齐全完整，是否按电力行业档案规定整理归档。

（2）审查建设单位"工程竣工报告"，检查工程建设情况及设备试运行情况。

（3）检查历次验收结果，必要时进行现场复核。

（4）检查工程缺陷整改情况，必要时进行现场核对。

（5）检查水土保持和环境保护方案执行情况。

（6）审查工程概预算执行情况。

（7）审查竣工决算报告及其审计报告。

四、验收工作程序

1. 召开预备会

听取项目法人单位汇报竣工验收会准备情况，确定工程竣工验收委员会成员名单。

2. 召开第一次大会

（1）宣布验收会议程。

（2）宣布工程竣工验收委员会委员名单及各专业检查组名单。

（3）听取建设单位"工程竣工报告"。

（4）查看工程声像资料、文字资料。

3. 分组检查

（1）各检查组分别听取相关单位的工程竣工汇报。

（2）检查有关文件、资料。

（3）现场核查。

4. 召开工程竣工验收委员会会议

（1）检查组汇报检查结果。

（2）讨论并通过"工程竣工验收鉴定书"（内容与格式如下）。

××工程竣工验收鉴定书

前言

（简述竣工验收主持单位、参加单位、验收时间与地点等）

一、工程概况

（一）工程名称及位置

（二）工程主要建设内容

包括设计批准机关及文号、批准建设工期、工程总投资、投资来源等，叙述到单位工程。

（三）工程建设有关单位

包括建设、设计、施工、主要设备制造、监理、咨询、质量监督、运行管理等单位。

二、工程建设情况

（一）工程开工日期及完工日期

包括主要项目的施工情况及开工和完工日期、施工中发现的主要问题及处理情况等。

（二）工程完成情况和主要工程量

包括实际完成工程量与批准设计工程量对比等。

（三）建设征地补偿

包括征地批准数与实际完成数等。

（四）水土保持、环境保护方案执行情况

三、概算执行情况及投资效益预测

包括年度投资计划执行、概算及调整、工程竣工决算及其审计等情况。

四、单位工程验收和工程启动试运验收及工程移交情况

五、工程质量鉴定

包括审核单位工程质量，鉴定工程质量等级。

六、存在的主要问题及处理意见

包括竣工验收遗留问题处理责任单位、完成时间，工程存在问题的处理建议，对工程运行管理的建议等。

七、验收结论

包括对工程规模、工期、质量、投资控制、能否按批准设计投入使用，以及工程档案资料整理等做出明确的结论（对工期使用提前、按期、延期，对质量使用合格、优良，对投资控制使用合理、基本合理、不合理，对工程建设规模使用全部完成、基本完成、部分完成等应有明确术语）。

八、验收委员会委员签字

见"××工程竣工验收委员会委员签字表"。

九、参建单位代表签字

见"××工程参建单位代表签字表"。

十、保留意见（应有本人签字）

见附件。

工程竣工验收　　　　　　　　工程竣工验收委员会

主持单位（盖章）：　　　　　　主任委员签字：

　　年　月　日　　　　　　　　　年　月　日

（3）协调处理有关问题。

5. 召开第二次大会

（1）宣读"工程竣工验收鉴定书"。

（2）工程竣工验收委员会成员和参建单位代表在"工程竣工验收鉴定书"上签字。

五、验收的主要工作

（1）按验收检查项目的要求全面检查工程建设质量及工程投资执行情况。

（2）如果在验收过程中发现重大问题，验收委员会可采取停止验收或部分验收等措施，对工程竣工验收遗留问题提出处理意见，并责成建设单位限期处理遗留问题和重大问题，处理结果及时报告项目法人单位。

（3）对工程做出总体评价。

（4）签发"工程竣工验收鉴定书"，并自鉴定书签字之日起 28 天内，由验收主持单位行文发送有关单位。

第二章 基本建设文件

第一节 基本建设文件的内容

基本建设文件指整个建设项目从酝酿、决策到建成投产的全过程中形成的、应当归档保存的材料，包括图纸、图表、计算书、照相、摄像等文件材料，内容如下。

1. 可行性研究、任务书

包括项目建议书及批复、可行性研究报告、项目评估、环境预测、设计任务书、计划任务书。

2. 设计基础资料

包括工程地质，水文地质，勘察设计，地质图，勘察记录，化验、试验报告，重要土、岩样及说明，地形、地貌、控制点、建筑物、构筑物及重要设备安装测量定位、观测记录。

3. 设计文件

初步设计、技术设计、施工图设计、技术秘密材料、专利文件、设计计算书、关键技术试验、总体规划设计、设计评价、鉴定及审批。

4. 工程管理文件

包括征用土地批准文件及红线图，拆迁、补偿协议书，承发包合同，招标、投标租赁文件，加工执照，环保、消防、卫生等文件，水、电、暖、煤气供应协议书。

5. 施工文件

（1）土建施工文件：包括开工报告，工程技术要求，技术交底，图纸会检纪要，施工组织设计、方案、计划、技术、安全措施，施工工艺，原材料及构件出厂证明，质量鉴定，建筑材料试验报告，设计变更、工程联系（洽商）单，材料代用、核定审批，施工定位测量，地质勘测，土、岩试验报告，基础处理、基础工程图，施工记录、日记、大事记，隐蔽工程验收记录，工程记录，沉陷、位移、变形观测记录，事故处理报告，分部、分项、单位工程质量验收、评价，交工验收记录、签证，施工技术、管理总结，竣工申请和竣工验收报告。

（2）设备安装文件：包括开工报告、工程技术要求、技术交底、图纸会审纪要，施工组织设计、方案、计划、措施；设计变更、工程更改洽商单，材料、零部件、设备代用审批，焊接试验记录、报告、施工检验、探伤记录，隐蔽工程检验记录，设备调试记录，施工安装记录、质量检查、评价、事故处理报告，分部试运、系统调试、试验记录；位置坡度测量记录，中间交工验收记录、签证、质量评价，竣工申请和竣工验收报告。

（3）电气、仪表安装施工文件：包括开工报告、工程技术要求、技术交底、图纸会检纪要、施工组织措施、方案、计划、措施，设计变更、工程更改（洽商）单，材料、零部件、设备代用审批、调试整定记录、性能测试和考核，施工安装记录、质量验收评价、事故处理报告，操作、联动试验，电气装置交接记录，中间交工验收记录、质量评价，竣工申请、竣工验收报告。

6. 竣工文件

包括工程项目竣工验收报告，全部竣工图，质量评审，现场照相、声像材料、竣工验收会议决议文件。

7. 生产技术准备、试生产文件

包括技术准备计划，试运行管理，岗位责任制，开停机方案，设备试车、验收、运转、维护记录，试生产产品质量鉴定报告，安全操作规程，事故分析报告，运行记录，技术培训材料，产品技术性能参数，图纸，工业卫生、环保、劳动保护材料。

8. 工艺、设备文件

包括工艺说明，规程，路线、试验、技术总结，产品检验、包装、工装图，检测记录，设备、材料出厂合格证、质量证书，设备材料装箱单、开箱记录，工具、备品备件单，设备图纸、说明书，设备测绘、验收及安装调试、数据测定、性能鉴定记录。

9. 涉外文件

包括询价、报价、招投标文件，合同及附件、谈判协议、议定书、记录，外商提供和出国考察收集的资料，国外各阶段文件、技术问题，来往函电，设备材料检验、储存、运输、开箱记录、商检及索赔，设备材料的防腐、保护措施，外国技术人员现场提供的文件资料。

10. 财务器材管理文件

包括财务计划、概算、预算、决算，主要材料消耗，器材管理，交付使用的固定资产。

11. 科研项目文件

包括选题报告、任务书、批准书、实验记录、图表、分析、计算数据、实验装置及特殊设备图纸、工艺技术规范、说明书、成果申报、鉴定、审批材料、操作规程、安全、技术措施、事故分析、考察报告、重要课题研究会议文件。

12. 其他资料

包括有关的国外标准、规程、专利说明。

13. 设备仪器

包括引进、购买设备的可行性经济、技术研究报告，技术经济效益预测、方案论证、立项、洽谈、考察、签约、培训等活动中形成的材料，申请资金和外汇报告及批复，设备开箱验收、随机文件及图章、安装、调试记录，总结、竣工检测、验收报告，操作及安全、保养维修技术规程、履历表，运转及事故处理报告，设备改造、报废报告、批复，设备 管理目标、计划、总结，备品备件管理、转让、固定资产折旧等文字材料。

14. 财务会计

包括会计移交、销毁清册、档案管理、现金、银行贷款、销售、利润、生产、成本费用核算、工资、材料、基金、备用金、医疗费、外事等会计凭证及账簿，年度、月、季报表，固定资产卡片，主要财务指标等。

15. 人事材料

包括上级关于人事工作的指示、决定、通知，本企业规章制度、条例、措施，干部招聘、任免、职称评定、工人调配、奖惩文件，职工退职、离退休、抚恤死亡、富余人员及复员军人、大中专毕业生安置、转正、定级等文件。

第二节 基本建设文件的编制

（一）基本建设文件编制的主体

工程建设项目文件的编制，实行谁施工谁负责编制的原则，按照职责范围开展工作。

工程项目在建设过程中，建设单位、工程总承包单位、工程现场指挥机构、勘察设计单位、施工单位应在各自的职责范围内进行工程文件的编制工作。

工程项目实行总承包的，由分包单位负责文件资料的积累、编制整理、汇总后交建设单位。

工程项目由建设单位分别向几个单位发包的，各承包单位负责文件资料的积累、编制、整理、汇总后交建设单位。

（二）基本建设文件编制的要求

（1）基本建设文件的编制应遵循国家、电力行业颁发的政策、法规、制度及办法的规定。

（2）编制文件的格式、用纸、排版、字体、字号的选用均要标准化。

（3）文字表达要准确、简明，图表要清晰、整洁、签字手续完备，避免产生不易理解和不同理解的可能性。宜用文字的用文字，宜用图表的用图表。

（4）文件编制纸质优良，应采用碳素墨水或黑色签字墨水，不得用红色、纯蓝墨水，复写纸，圆珠笔或铅笔等书写。

（5）应使用国家法定计量单位，同一文件中的术语符号、代号应统一。

（6）招投标合同、协议及往来重要技术文件、报告、会议纪要等均须原件归档，建设单位签发的文件、原稿必须归档。

（7）施工中形成的技术文件、记录、质量验评、签字手续等，签字人员亲笔签时即为原件，移交资料中必须有一套是原件。

（8）材质证件、外委试验报告、工程联系（洽商）单、设备缺陷处理单、索赔、咨询、材料、设备代用单，凡签发单位均应原件归档，施工单位在竣工资料文件中如为复印件，应在备考栏中注明原件所在单位和部门。

（9）传真件不得作为原件归档，应由接收部门在传真件上签署意见并签字和加盖部门公章后方可作为原件。

（10）计算机打印件，加盖签发部门公章可作为原件归档。

（三）招投标文件编制的条件

实施施工招标的建设工程文件的编制一般应具备以下基本条件：

（1）工程初步设计已完成并经批准，项目已正式列入主管部门计划，有足够的设计文件作为招标、报价的依据。

（2）有设计单位确认的、能满足工程连续施工要求的施工图纸交付进度，工程用地和施工现场征地、搬迁工作已基本落实。

（3）主要设备已订货且都能满足工程连续施工的需要。

（4）该工程的施工工作已取得主管单位的同意并成立了领导施工招标工作的相应组织。

（四）招标书的分类及编制内容

招标书的种类有：项目招标、勘察设计招标、设备招标、工程总承包招标、施工招标。

1. 项目招标文件的编制内容

（1）建设工程概况：包括项目名称、建设规模、投资估算额、建设工期、质量保证、环保措施、工艺技术等。

（2）对投资者的要求：包括投资方出资份额、工程建设的保证措施，投资收益分配和投资风险分担的方式。

（3）投标须知：包括投资文件编制和报送的要求，投标、开标日期及地点等。

2. 勘察设计招标文件的编制内容

（1）项目综合说明书：包括工程内容、设计范围和深度、图纸内容、图幅、建设周期和设计进度，对投标单位资格等级的要求等。

（2）经上级主管部门批准的工程建议书或计划任务书，设计基础资料供应的内容、方式和时间。

（3）投标须知：包括投标文件编制和投递的要求，组织现场踏勘和进行投标文件说明的时间和地点，投标的起止日期和地点，进行技术交底和解答投标文件的方式，开标日期和地点。

3. 设备招标文件的编制内容

（1）投标须知：包括招标单位的名称、设备性能和要求，投标的起止日期和地点，进行技术交底和解答招标文件的方式，开标日期和地点。

（2）正式批准的设计任务书，初步设计确认的设备清单；

（3）设备的名称、型号、数量、规格、技术要求、交货期限、方式、地点及检验方法，专用、非标准设备的设计图纸和说明书，可提供的原材料数量、进价，引进设备的外汇解决途径，合同的主要条款。

4. 工程总承包招标文件的编制内容

（1）工程概况：包括项目名称、建设规模、设计任务书的主要内容等。

（2）建设地点及外部条件。

（3）总平面初步规划及工艺技术或功能要求。

（4）建设时间及投产时间要求。

（5）工程质量要求。

（6）可提供的设备材料品名、规格、数量、单价。

（7）主要合同条款。

（8）招标人须知。

5. 施工招标文件的编制内容

（1）投标邀请书：包括业主单位、性质、招标、资金来源、工程服务内容、发售招标文件的时间、地点、估价、投标书送交的地点、份数和截止时间，交纳招标保证金的规定额度，开标日期、时间和地点，召开标前会议和现场考察的日期、时间和地点。

（2）投标者须知：包括工程概述、资金来源、资格和合格者条件的要求、投标费用，现场考察招标文件规定。

（3）合同条件：主要说明在合同执行过程中，当事人双方的职责、范围、权利和义务，监理工程师的职责和权力，遇到各类问题时双方应遵循的原则和采取的措施等。

（4）规范：即施工技术规范，是招标单位在施工过程中对承包单位控制质量的技术要求和监理工程师检查验收的主要依据，以规范施工与验收，确保获得合格的产品。编写规范时一般可引用国家有关部委正式颁发的规定，国际工程也可引用某一通用的外国规范，但一定要结合本工程的具体环境和要求来选用。

（5）图纸：图纸的详细程度取决于设计深度和合同类型，供投标者拟定施工方案、确定施工方法以及提出施工方案，计划投标报价。

（6）工程量表：将合同规定要实施的工程的全部项目和内容按工程部位、项目、工程量、计价要求、总计等列在一个表内。工程量表编制一般包括：前言、工作项目、零工工日总计表。编制工程量表时要将不同等级要求的工程区分开，将同一性质但不属于同一部位的工作区分开，将情况不同、可能要进行不同报价的项目区分开。

（7）其他：投标书和投保书、补充资料表、合同协议书、履约保证等内容也是施工招标文件的重要组成部分。

（五）编制招标文件的依据和要求

（1）应遵守国家的法律和法规，如果是国际组织的贷款项目，则应遵守国际惯例及有关组织的采购原则等。

（2）应注意公正地处理业主和承包商的利益，既要保证完成业主要求的实施项目，也要使承包商获得合理的利益，不能将风险不恰当地转移给承包方。

（3）招标文件：力求做到正确、详尽地反映项目的客观实际，以使投标者的投标建立在可靠的基础上，以便减少履约过程中的争议。

（4）招标文件中各部内容力求统一，用词严谨、准确，以便在产生争端时易于根据文件判断解决。

（六）施工合同书的编制内容

（1）工程概况：包括工程地点、工程内容、承包范围开工日期（包括竣工日期、总日历日期）。

（2）质量等级，合同价款。

（3）合同文件及解释顺序：合同文件应能互相解释、互为说明，当合同文件出现含糊不清或矛盾时，双方协商解决或到约定的仲裁机关处理。

（4）合同文件使用的语言规定和非规定语言的译文费用，适用的法律法规、标准和规范。

（5）施工图纸提供的日期（进度）、套数、特殊保密要求及费用；

（6）甲方驻工地代表及委派人员名单，实行社会监理工程师姓名及其授权范围。

（7）乙方驻工地代表名单。

（8）甲方工作：包括施工场地具备开工条件和完成时间的要求，水、电、通信等施工管线进入施工场地时间、地点和供应要求，施工场地内主要干道及公共道路的开通起止时间，工程地质和地下管网线路资料提供的时间，办理证件、批件的名称和完成时间，水准点与坐标控制点位置的提供和移交要求，图纸会审和设计交底的时间，施工场地周围建筑物和地下管线的保护要求。

（9）乙方工作：包括施工图和配套设计名称、完成时间及要求，提供计划、报表的名称、时间和份数，施工防护工作，向甲方代表提供办公和生活设施的时间，对施工现场交通和噪声、成品（设备）保护、施工场地周围建筑物和地下管线、施工场地整洁的要求。

（10）进度计划：包括乙方提供施工组织设计（或施工方案、措施）和进度计划，甲方代表批准的时间。

（11）延期开工、暂停施工、工期延误的原因、确认和责任。

（12）隐蔽工程中间验收部位和时间。

（13）验收和重新检验。

（14）合同价款及调整的条件、方式。

（15）工程预付款：包括预付工程备料款的数额、扣回时间和比例，甲方不按时付款应承担的违约责任。

（16）工程量的核实确认，乙方提交工程量报告的时间和要求。

（17）工程款的支付方式、金额和时间，甲方违约的责任。

（18）甲方提供材料、设备的要求（附清单）。

（19）乙方采购材料设备的范围。

（20）变更价款。

（21）竣工验收：包括乙方提交竣工技术文件、竣工图和竣工验收报告的时间、份数。

（22）竣工结算：包括结算方式、乙方提交结算报告和甲方批准结算报告的时间，甲方将拨付款通知送达经办银行的时间，甲方违约责任。

（23）保修：包括保修内容、范围、期限、保修金额和付款方法、保修金利率。

（24）违约：包括违约的处理、违约金额、损失的计算方法，甲方不按时付款的利息率。

（25）索赔：包括索赔事实依据文件、索赔方式等。

（26）安全施工、专利技术、特殊工艺和合理化建议。

（27）地下障碍及文物。

（28）工程分包：包括分包单位和工程分包内容，分包工程价款结算办法。

（29）不可抗力：不可抗力的自然灾害认定标准。

（30）保险工程停建或缓建。

（31）合同生效日期。

（32）合同份数：包括合同正、副本份数。

（33）其他事项。

（七）开工报告的编制及内容

工程项目开工前，施工单位应写出开工报告，报上级主管部门，按规定程序审查批准后，方能开工。

开工报告由总承包的施工单位会同建设单位提出，报上级主管部门批准。在城市规划区内的建设工程，还应取得城市有关部门的建设许可。

开工报告文件的编制主要包括以下内容：项目名称、项目负责人，工程内容，征、占用地情况，工程总投资额，可研、初设、概算下达的投资计划，搬迁工作安排，主要材料设备订货情况，施工图交付、施工单位落实情况，主要施工机具及劳力安排，重点施工技术措施等，现场"三通一平"、职工生活福利设施等。

（八）竣工报告的编制及内容

工程项目竣工后，应及时写出竣工报告。主要包括以下内容：工程名称，开、竣工日期，批准概算、财务决算，设计、施工单位名称，完成的主要内容，工程效果、质量评价及验收意见等。

（九）工程照相（声像）的编制内容

工程照相和声像材料是在施工过程中的原始记录，是工程今后调整概算，处理设备缺陷纠纷、人身和设备事故及项目评优的重要素材。

工程照相、摄像是竣工技术资料中重要的组成部分。每张照片都要有简要的文字材料，能准确说明照片内容，如照片类型、位置、拍照时间、作者、底片编号等。

工程照相、摄像应从项目立项开始到竣工后的全过程进行，为确保在工程结束后或过程中制作影集、录像带的需要，摄像母带和相片的正、负片应按专业（分部、分项、单位工程）划分和工艺流程进行收集、分类、编号归档。

工程施工过程中除特殊需要以外，竣工后应出版一套成品影集和录像片。

第三章　竣工技术资料编制、整理与保管

第一节　工程竣工技术档案资料的管理与编制要求

风电建设工程技术文件资料是工程竣工技术档案的原始材料，它的形成、积累、整理、汇总工作贯穿于工程施工全过程。因此，建设单位和施工单位应从工程准备工作就重视工程竣工技术档案资料的编制、整理等工作。

一、工程竣工技术档案资料的管理

根据国家对档案资料的有关规定和项目的大小，设置工程技术档案的管理机构，一般在施工企业总部设立档案资料管理中心或档案室，负责对施工现场的工程技术档案资料的编制、整理等工作进行技术指导；在施工现场设置资料室具体负责工程竣工技术档案资料的编制、整理等工作。

二、工程竣工技术档案资料的编制

1. 工程竣工技术档案资料的编制分工

（1）工程实行总承包时，总承包单位与各分包单位签订分包合同时，应明确总、分包单位工程竣工技术档案资料的编制责任分工，即各分包单位负责编制承包范围内的工程竣工技术档案资料，总承包单位负责审查、整理、汇总，并向建设单位移交该工程的全部工程竣工技术档案资料。

（2）建设单位将工程分包给几个施工单位施工的建设项目，各分包施工单位应负责编制各自承包工程范围内的工程竣工技术档案资料，由建设单位负责审查、整理、汇总、归档。

（3）建设单位自行施工的工程项目，由建设单位按照国家有关工程竣工技术档案资料的要求，自行收集、整理、汇总、归档。

2. 工程竣工技术档案资料编制人员的责任

工程竣工技术档案资料在收集、整理、汇总、归档的每个环节中，都应具

备真实性、完整性、系统性。凡未按照国家有关工程竣工技术档案资料的要求移交工程技术档案资料的，负责该工程竣工技术档案资料编制的有关人员应承担主要责任，审核人员也应承担漏审的责任。

3. 编制工程竣工技术档案资料的技术要求

工程竣工技术档案资料的内容，应与工程施工过程的实际情况相符合，做到分类科学、记录准确、规格统一，文字符号清楚，图文整洁。

（1）工程竣工技术档案资料的分类与立卷。工程竣工技术档案资料的分类与立卷一般应按照下列方法进行：风电建筑安装工程竣工技术档案资料应按照专业（如建筑、机务、电气）组卷，每个专业一卷。每卷应按照单位工程的多少分册，基本上一个单位工程一册，也可以两个或以上的单位工程合订于一册，但各自要独立，不得混淆。设备或原材料的出厂质量合格证和检测技术文件，应分别编入有关专业的案卷中，不另立案卷。一般可把风电建设工程分为：第一卷　土建施工文件；第二卷　风电机组安装施工文件；第三卷　电气安装施工文件；第四卷　工程监理文件；第五卷　风电项目建设工程验收文件；第六卷　工程回访创优文件。

（2）规格与填写。为了提高工程竣工技术档案资料的使用价值和利用率，适应长期保管、重复查看和使用的目的，在编制时必须按照国家的规定要求，做到表式规格统一，文字符号清楚，图文整洁，数据准确、齐全，不得漏项。用纸规格和填写要求如下：

1）用纸尺寸为 A4 型 297mm×210mm（长×宽）。

2）文字填写及绘图，不得使用铅笔、圆珠笔、易褪色的墨水，也不得采用复写的文件资料归档。

3）印制或自制工程竣工技术档案资料用表时，除应保证用纸幅面尺寸和纸幅面图文尺寸外，在装订时应防止产生装订后内文被覆盖或装订不牢等缺陷。

4）工程竣工技术档案资料应按照有关规定采用统一的表式，在实际应用时可适当调整图文区尺寸和线格间距。

（3）图示画法与加工符号的表示。风电建筑安装工程竣工技术档案资料中的图示画法及尺寸、加工符号的标注，应清晰规范，以保证工程竣工技术档案资料的质量。

（4）抄件与复印件。为保证工程竣工技术档案资料的真实性和准确性，对于抄件与复印件，必须将出厂的厂家名称、公章及原经办人，产品的名称、规格、数量，原件编号，制造出厂的时间，规定的指标、性能等主要项目内容毫无遗漏地抄写、复印清楚，并应有抄写、复印人的签字，以便于追踪核查。

第二节　风电建设工程竣工资料专业划分

风电建设工程施工竣工资料按风力发电机组、升压站、线路、建筑、交通五大类进行划分，每个单位工程是由若干个分部工程组成的，具有独立的、完整的功能。

1. 风力发电机组安装工程

每台风力发电机组为一个单位工程，它由风力发电机组基础、风力发电机组安装、风力发电机监控系统、塔架、电缆、箱式变电站、防雷接地网 7 个分部工程组成。

2. 升压站设备安装调试

升压站设备安装调试单位工程包括主变压器、高压电器、低压电器、母线装置、盘柜及二次回路接线、低压配电设备等的安装调试、电缆铺设、防雷接地装置 8 个分部工程。

3. 场内电力线路工程

场内架空电力线路工程和电力电缆工程分别以一条独立的线路为一个单位工程。每条架空电力线路工程是由电杆基坑及基础埋设、电杆组立与绝缘子安装、接线安装、导线架设四个分部工程组成。每条电力电缆工程是由电缆沟制作、导线的敷设、电缆终端和接头的制作 4 个分部工程组成。

4. 中控楼和升压站建筑工程

中控楼和升压站建筑工程一般由基础（包括主变压器基础）、框架、砌体、层面、楼地面、门窗、装饰、室内外给排水、照明、附属设施（电缆沟、接地、场地、围墙、消防通道）10 个分部工程组成。

5. 交通工程

交通工程中每条独立的新建（或扩建）公路为一个单位工程。单位工程一般由路基、路面、排水沟、涵洞、桥梁等分部工程组成。

第三节　风电建设工程竣工技术档案资料的编制

工程竣工技术档案资料是实现科学管理和指导技术发展的主要依据，也是科学技术成果的存储和信息的传播手段之一。做好工程竣工技术档案资料的编制和管理工作，是风电建设工程施工技术管理工作质量的重要组成部分。

施工单位的各级技术负责人、技术管理人员，应当重视工程竣工技术档案资料的编制工作。从工程立项开始，就要着手做好工程竣工技术档案资料的收集、整理和编制工作。在工程竣工的同时，应提交符合要求的、完整的工程竣工技术档案资料，为工程验收和使用提供科学依据。

工程竣工技术档案资料应由建设、施工、设计、调试等单位按照各自的工作任务和职权范围进行收集，工程建设管理单位档案工作领导小组应统一组织、协调，档案部门应具体指导。

一、工程竣工技术档案资料的编制

风电建设项目的单位工程，包括土建、风电机组安装、电气等不同专业，同风电施工过程形成的文件材料一样，都有共同的规律性，其表现就是归档内容的项目名称基本相同，竣工资料的内容包括：施工管理资料、施工试验记录、施工物资资料、施工技术记录、施工质量验收评定资料、工程照片资料。

（一）工程施工管理资料

（1）工程概况：工程概要介绍、工程特点、主要工程量、劳动力组织与开竣工日期、工期进度、施工大事记；

（2）技术交底记录（施工组织设计交底、专项施工方案技术交底、分项工程技术交底、"五新"（新技术、新工艺、新装备、新材料、新流程）技术交底和设计变更技术交底；

（3）图纸会检记录；

（4）工程开工报告、工程竣工签证书；

（5）设计变更汇总表（设计变更单、工程联系单、材料代用等）；

（6）主要施工方案；

（7）质量事故处理和关闭；

（8）未完工作汇总表及处理记录；

（9）工程总结。

（二）施工物资文件

主要原材料、构件等出厂质量证明文件（包括产品合格证、质量合格证、检验报告、试验报告、产品生产许可证等）、复检报告和见证取样资料；实施强制性产品认证的材料和设备应提供有关证明（电气 CCC 认证标志等）。

（1）水泥出厂质量证明书及检测报告；

（2）石子物理性能检测报告；

（3）钢材、钢筋质量证明书；

（4）PVC 排水用芯层发泡管材检验报告；

（5）钢筋性能检测报告；

（6）直螺纹检测报告；

（7）电力电缆出厂合格证；

（8）箱式变电站出厂合格证；

（9）风力发电机架连接螺栓抽检合格证等。

（三）工程施工技术记录及签证

（1）混凝土生产质量控制记录（风机基础）；

（2）混凝土工程浇筑施工记录（风机基础）；

（3）混凝土工程养护记录（风机基础）；

（4）大体积混凝土结构测温记录（风机基础）；

（5）混凝土生产质量控制记录（箱变基础）；

（6）混凝土工程浇筑施工记录（箱变基础）；

（7）混凝土工程养护记录（箱变基础）；

（8）土建安装中间交接验收签证（风机基础）；

（9）基础环安装施工记录；

（10）塔架安装记录；

（11）机舱吊装施工记录；

（12）轮毂叶片组合记录；

（13）叶轮吊装记录；

（14）箱式变电站安装记录；

（15）箱式变电站电气试验记录；

（16）电缆敷设记录（风机电缆）；

（17）防雷接地网施工记录；

（18）塔架平台、梯子检查记录；

（19）高强螺栓安装前检查记录；

（20）接地装置隐蔽前检查签证。

（四）施工试（检）验记录

（1）混凝土抗压强度试验报告；

（2）回填土试验报告；

（3）射线探伤报告。

（五）施工验收文件

（1）风力发电机组安装单位工程质量验收表；

（2）风力发电机组基础分部工程质量验收记录（风机基础、箱变基础）：

1）风机基础子分部工程、分项工程、各检验批质量验收记录（含定位放线、挖方、填方、垫层、模板、钢筋、混凝土、隐蔽工程验收（地基验槽、钢筋工程地下砼结构）、预埋件安装、混凝土浇筑及原材料及配合比设计等质量验收记录）；

2）箱变基础子分部工程、分项工程、各检验批质量验收记录（含垫层、石砌体、模板预埋件、钢筋、隐蔽工程、混凝土浇筑及原材料和配合比设计等质量验收记录）。

（3）风力发电机组安装分部工程质量验收表：

1）机舱检查分项工程质量验收表；

2）机舱安装分项工程质量验收表；

3）叶片检查分项工程质量验收表；

4）轮毂检查分项工程质量验收表；

5）叶轮组合分项工程质量验收表；

6）叶轮安装分项工程质量验收表；

7）塔架安装分部工程质量验收表；

8）塔架检查分项工程质量验收表；

9）塔架安装前基础环检查分项工程质量验收表；

10）塔架安装分项工程质量验收表；

11）螺栓连接分项工程质量验收表。

（4）电缆敷设分部工程质量验收表：

1）电缆敷设分项工程质量验收表；

2）电力电缆终端制作安装分项工程质量验收表。

（5）箱式变电站安装分部工程质量验收表：

1）箱式变电站安装分项工程质量验收表；

2）箱式变电站带电试运行检查记录。

（6）屋外接地装置安装分部工程质量验收表。

（六）工程照片资料

工程照片最直观地反映了工程施工中主要工序的施工特点、竣工后的整体外貌，从侧面反映了工程质量外观。

二、竣工图的编制

竣工图的编制按照原国家建委建发施字〔1982〕50 号文《关于编制基本建设工程竣工图的几项暂行规定》和《电力工程竣工图文件编制规定》（DL/T 5229—2016）及《建设项目档案管理规范》（DA/T 28—2018）等有关规定执行。详细内容见本书第九章。

第四节　竣工技术档案资料的整理与保管

为了确保风电建设工程竣工技术档案资料的及时、完整、准确，应加强对工程竣工技术档案资料工作的宏观管理，充分发挥工程竣工技术档案资料在工程建设、生产、管理、维修和技术改造、改建、扩建中的作用。因此，从工程准备开始到工程竣工验收过程中所形成的技术资料，应提交建设单位、使用单位和施工单位档案部门集中统一管理。施工单位、建设单位、检验机构、调试单位的技术负责人与技术人员应当认真学习、掌握工程竣工技术档案资料的编制方法和档案管理的有关规定。

一、工程竣工技术档案资料的整理

整理归档的工程竣工技术档案资料，必须正确地反映工程施工全过程和工程结果，不得擅自修改、伪造或事后补做。凡是文件资料达不到要求的技术标准和对某些资料的准确性有怀疑时，必须经设计单位技术负责人和施工单位技术负责人审核，并签署处理意见。处理后的结果要有技术负责人的签字认可，否则其工程不算完工，也不能验收和结算，档案资料不能归档。

档案的整理工作应按照《科学技术档案案卷构成的一般要求》（GB/T 11822—2008）的要求，遵循文件材料的形成规律，保持案卷内文件材料的有机联系，便于保管和利用。

工程竣工技术档案资料的编制应做到三同步和五统一。所谓"三同步"是指单位工程一开始，就与建立施工技术记录和竣工图同步进行；工程进行中与施工技术记录和竣工图的积累、整编、审定工作同步进行；工程交工验收时，要与提交一套合格的施工技术记录和竣工图同步进行。所谓"五统一"，是指工程的计划管理、施工管理、施工图预算、工程结算和竣工图、施工技术记录编制移交统一进行。五统一是工程技术资料和工程管理的有机结合，是确保工程技术档案资料完整，提高管理水平的重要手段。

二、工程竣工技术档案资料的归档和保管

基本建设工程各参建单位应在工程移交试生产后一个半月内向建设单位提交完整、准确，并经施工单位有关技术负责人签字的工程技术档案资料，建设单位应对接收的工程技术档案资料进行审查、清点。工程竣工技术档案资料归档常用相关封面、目录等见表3-1～表3-4。

表3-1　　　　　　　　　　　　　案　卷　封　面

档号＿＿＿＿＿＿＿＿＿＿＿＿＿＿

案　卷　题　名

立卷单位＿＿＿＿＿＿＿＿＿＿＿＿

起止日期＿＿＿＿＿＿＿＿＿＿＿＿

保管期限＿＿＿＿＿＿＿＿＿＿＿＿

密　　级＿＿＿＿＿＿＿＿＿＿＿＿

表3-2　　　　　　　　　　　卷　内　目　录

档号：

序号	文件编号	责任者	文件题名	日期	页数/页号

保管期限：　　　　　　　　　　　　案卷序号：

43

表 3 – 3   卷 内 备 考 表

互见号：   档号：

说明：

立卷人：

　　　　　年　　月　　日

检查人：

　　　　　年　　月　　日

表 3 – 4   案 卷 目 录

序号	档号	案卷题名	总页数	保管期限	备注

归档工作用的档号章见图 3 – 1。

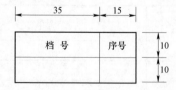

图 3 – 1　科技档案档号章式样（单位：mm）

　　移交档案时，移交单位要编制移交清册和案卷目录，交接双方在清点无误后，在移交清册上盖章，负责人签字。移交清册一式两份，交接双方各存一份。移交清册封面及移交清册，见表 3 – 5 和表 3 – 6。

表 3-5　　　　　　　　档 案 移 交 清 册 封 面

××建设项目档案移交清册 文字材料案卷数： 竣工图 案卷数： 设 备 案 卷 数：   移交单位：（盖章）　　　　　　　　接收单位：（盖章） 移交人：　　　　　　　　　　　　接收人： 　　　　　年　月　日

表 3-6　　　　　　　　工程技术档案移交清册

序　号	名　　　称	份　　数

　　建设单位档案部门，对接收的全部档案要按照《风力发电企业科技文件归档与整理规范》（NB/T 31021—2012）进行整理、分类、编目、保管。

第五节　工程竣工技术档案资料保管期限

　　工程竣工技术档案资料的保管期限应按照国家档案行业标准《建设项目档案管理规范》（DA/T28—2018）执行。保管期限分为永久、定期两种。工程竣工技术档案资料的保管期限见表 3-7。

表 3-7　　　　　　　建设项目文件归档范围和保管期限表

序号	归　档　文　件	保管期限
1	可行性研究、任务书	
1.1	项目建议书及其报批文件	永久

续表

序号	归 档 文 件	保管期限
1.2	项目选址意见书及其报批文件	永久
1.3	可行性研究报告及其评估、报批（核准、备案）文件	永久
1.4	项目评估（包括借贷承诺评估）、论证文件	永久
1.5	水土保持方案，地质灾害评价报告，压覆矿产资源报告，文物保护方案，建设用地预审意见，环境预测，调查报告，环境影响报告书和批复	永久
1.6	设计任务书、计划任务书及其报批文件	永久
2	设计基础文件	
2.1	工程地质、水文地质、勘察报告，地质图，勘察记录、化验、试验报告，重要土、岩样及说明	永久
2.2	地形、地貌、控制点、建筑物、构筑物及重要设备安装测量定位、观测记录	永久
2.3	水文、气象、地震等其他设计基础资料	永久
3	设计文件	
3.1	总体规划设计	永久
3.2	方案设计	永久
3.3	初步设计及其报批文件	永久
3.4	技术设计	永久
3.5	施工图设计及审查、批复	定期
3.6	技术秘密材料、专利文件	永久
3.7	特种设备设计计算书	定期
3.8	关键技术试验	永久
3.9	设计评价、鉴定及审批	永久
4	项目管理文件	
4.1	征地、移民、拆迁文件	
4.1.1	征用土地申请、批准文件，地质灾害评估报告、压覆矿产评估报告，红线图、坐标图、行政区域图	永久
4.1.2	移民淹没实物指标调查及复核材料；安置规划、方案及审核批准文件；移民补偿、安置投资估算及批准文件；设计文件、投资计划及批准文件；安置实施工作文件；安置区建设的招投标、合同协议、验收文件；实物、资金补偿、决算、审计等移民资金管理文件；移民安置合同协议；移民监理文件；移民安置验收文件	永久
4.1.3	拆迁方案、拆迁评估、拆迁补偿文件	永久
4.1.4	建设前原始地形、地貌、状况图、照片	永久
4.1.5	施工执照	永久
4.2	计划、投资、统计、管理文件	

续表

序号	归 档 文 件	保管期限
4.2.1	有关投资、进度、物资、工程量的建议计划、实施计划和调整计划	定期
4.2.2	概算、预算管理、差价管理文件	定期
4.2.3	合同变更、索赔等涉及法律事务的文件	定期
4.2.4	规程、规范、标准、规划、方案、规定	定期
4.2.5	招标文件审查、技术设计审查、技术协议	定期
4.2.6	投资、进度、质量、安全、合同控制文件	定期
4.3	招标投标、承发包合同协议	
4.3.1	招标计划及审批文件，招标公告、招标书、招标修改文件、答疑文件、招标委托合同、资格预审文件	定期
4.3.2	投标书、投标澄清文件、修正补充文件（未中标的电子投标文件保存 10 年）	永久
4.3.3	开标记录、评标人员签字表、报价表，评标纪律、评标办法或评标细则、评审意见、打分表、汇总表、评标报告	定期
4.3.4	采购活动记录、采购预算、谈判文件、询价通知书、响应文件、推荐供应商的意见、评审报告、成交供应商确定文件、单一来源采购协商情况记录、合同文本、验收证明、质疑答复、投诉处理决定以及其他有关文件	定期
4.3.5	定标文件、中标通知书	永久
4.3.6	政府采购竞争性谈判、单一来源采购、询价采购文件：审批文件、采购协议，谈判文件、询价通知书、评审文件、采购报告	定期
4.3.7	合同谈判纪要、合同审批文件、合同书、合同变更文件、合同履约评价文件	永久
4.4	专项申请、批复文件	
4.4.1	环境保护、安全、卫生、消防、水土保持、节能、文物、人防、规划等文件	永久
4.4.2	水、暖、电、煤气、通信、排水等配套协议文件	定期
4.4.3	原料、材料、燃料供应等来源协议文件	定期
5	施工文件	
5.1	建筑施工文件	
5.1.1	开工报告、施工现场质量管理检查记录、工程技术要求、技术交底、图纸会审纪要	定期
5.1.2	施工组织设计、方案及报批文件，施工计划、施工技术及安全措施、施工工艺文件	定期
5.1.3	原材料及构件出厂证明、质量鉴定、复验单，原材料使用跟踪台账	定期
5.1.4	建筑材料试验报告、见证取样记录、混凝土开盘鉴定、混凝土强度实验报告、钢筋保护层厚度检测报告、屋面防水渗漏的检查总记录、地下室防水效果检查记录、地面蓄水试验检查记录、 节能保温测试记录、室内环境检测报告	定期

序号	归 档 文 件	保管期限
5.1.5	设计变更通知、工程更改洽商单、材料代用核定审批手续、技术核定单、业务联系单、备忘录等	永久
5.1.6	施工定位（水准点、导线点、基准线、控制点等）测量、复核记录、地质勘探	永久
5.1.7	工程地质勘查报告、岩土试验报告、地基验槽记录、工程地基处理记录、地基检测报告、桩身完整性检测报告、桩基承载力检测报告	永久
5.1.8	施工日记、大事记	
5.1.9	隐蔽工程验收记录	永久
5.1.10	各类工程记录及测试、沉降、位移、变形监测记录、事故处理报告	永久
5.1.11	工程质量检查、评定	永久
5.1.12	技术总结、施工预、决算	
5.1.13	交工验收记录证明	永久
5.1.14	竣工报告、竣工验收报告	永久
5.1.15	竣工图	永久
5.1.16	声像材料	定期
5.2	设备及管线安装施工文件	
5.2.1	开工报告、工程技术要求、技术交底、图纸会审纪要	定期
5.2.2	施工组织设计、方案及其报批文件、施工计划、技术措施文件	定期
5.2.3	原材料及构件出厂证明、质量鉴定、复验单	定期
5.2.4	建筑材料试验报告、见证取样记录	定期
5.2.5	设计变更通知、工程更改洽商单、材料、零部件、设备代用审批手续、技术核定单、业务联系单、备忘录等	永久
5.2.6	焊接工艺评定报告、焊接试验记录、报告、施工检验、探伤记录、管道单线图	永久
5.2.7	隐蔽工程检查验收记录	永久
5.2.8	强度、密闭性试验报告	定期
5.2.9	设备、网络调试记录	定期
5.2.10	施工安装记录，安装质量检查、评定、事故处理报告	定期
5.2.11	系统调试、试验记录	定期
5.2.12	管线清洗、试压、通水、通气、消毒等记录	定期
5.2.13	管线标高、位置、坡度测量记录	定期
5.2.14	中间交工验收记录证明、工程质量评定	永久
5.2.15	竣工报告，竣工验收报告，施工预、决算	永久
5.2.16	竣工图	永久

续表

序号	归 档 文 件	保管期限
5.2.17	声像材料	定期
5.3	电气、仪表安装施工文件	
5.3.1	开工报告、工程技术要求、公司技术交底、图纸会审纪要	定期
5.3.2	施工组织设计、方案及其报批文件、施工计划、技术措施文件	定期
5.3.3	原材料及构件出厂证明，质量鉴定、复验单	定期
5.3.4	建筑材料试验报告	定期
5.3.5	设计变更通知，工程更改洽商单，材料、零部件、设备代用审批手续，技术核定单，业务联系单，备忘录等	永久
5.3.6	系统调试、整定记录	定期
5.3.7	绝缘、接地电阻等性能测试、校核	定期
5.3.8	材料、设备明细表及检验记录，施工安装记录，质量检查评定、事故处理报告	永久
5.3.9	操动、联动试验	定期
5.3.10	电气装置交接记录	定期
5.3.11	中间交工验收记录、工程质量评定	永久
5.3.12	竣工报告、竣工验收报告	永久
5.3.13	竣工图	永久
5.3.14	声像材料	定期
6	信息系统开发文件	
6.1	设计开发文件	
6.1.1	需求调研计划、需求分析、需求规格说明书、需求评审记录	定期
6.1.2	设计开发计划、方案、概要，设计说明书及评审文件，详细设计说明书及评审文件	定期
6.1.3	数据库结构设计说明书、编码计划、代码编写规范、模块开发文件信息资源规划、数据库设计、应用支撑平台、应用系统设计、网络设计、处理和存储系统设计、安全系统设计、终端、备份、运维系统设计文件数据	定期
6.1.4	制定的标准规范	定期
6.2	系统实施文件	
6.2.1	实施计划、方案及批复文件，源代码及说明，代码修改文件，网络系统文件，二次开发支持文件，接口设计说明书	定期
6.2.2	程序员开发手册、用户使用手册、系统维护手册	定期
6.2.3	安装文件、系统上线保障方案、测试方案及评审意见、测试报告、测试记录、试运行方案、试运行报告及改进文件	定期

序号	归 档 文 件	保管期限
6.3	验收文件、信息安全风险评估报告、系统验收记录、交接清单、开发总结、验收申请、验收意见	定期
7	监理文件	
7.1	施工监理文件	
7.1.1	监理合同协议、监理大纲、监理规划、细则及批复	定期
7.1.2	施工及设备器材供应单位资质审核、设备、材料报审	定期
7.1.3	施工组织设计、施工方案、施工计划、技术措施审核，施工进度、延长工期、索赔及付款报审	定期
7.1.4	开（停、复、返）工令、许可证、中间验收证明书	定期
7.1.5	设计变更、材料、零部件、设备代用审批	定期
7.1.6	监理通知、协调会审纪要，监理工程师指令、指示，来往函件	定期
7.1.7	工程材料监理检查、复检、实验记录、报告	定期
7.1.8	监理日志、旁站记录、监理周（月、季、年）报、备忘录，监理工作总结	定期
7.1.9	各项测控量成果及复核文件、外观、质量、文件等检查、抽查记录	定期
7.1.10	施工质量检查分析评估、工程质量事故、施工安全事故报告	定期
7.1.11	工程进度计划、实施、分析统计文件	定期
7.1.12	变更价格审查、支付审批、索赔处理文件	定期
7.1.13	单元工程检查及开工（开仓）签证、工程分部分项质量认证、评估	定期
7.1.14	平行检验文件资料、独立抽检文件材料	定期
7.1.15	主要材料及工程投资计划、完成报表	定期
7.2	设备采购监造文件	
7.2.1	设备采购监造合同，采购、监造计划、规划、细则	定期
7.2.2	市场调查、考察报告	定期
7.2.3	设备制造的检验计划和检验要求、检验记录及试验报告、分包单位资格报审	定期
7.2.4	原材料、零配件等的质量证明文件和报验文件	定期
7.2.5	开工、复工报审表、暂停令	定期
7.2.6	监理工程师通知单、监理工作联系单	定期
7.2.7	会议纪要、来往文件	定期
7.2.8	监理日志、监理月报	定期
7.2.9	质量事故处理文件	定期
7.2.10	设备验收、交接文件、支付证书和设备制造结算审核文件、设备制造索赔文件	定期

续表

序号	归　档　文　件	保管期限
7.2.11	设备监造工作总结、报告	定期
7.3	监理工作声像材料（待展开细化）	永久
8	工艺设备文件	
8.1	工艺说明、规程、路线、试验、技术总结	定期
8.2	产品检验、包装、工装图、检测记录	定期
8.3	设备、材料采购、招投标文件、合同、出厂质量合格证明	定期
8.4	设备、材料装箱单、开箱记录、工具单、备品备件单	定期
8.5	设备图纸、使用说明书、零部件目录	永久
8.6	设备测绘、验收及索赔文件	永久
8.7	安装调试方案、规程	永久
8.8	安装调试记录、缺陷处理	永久
8.9	测试、鉴定、验收文件	永久
8.10	特种设备监督检验证书、报告	永久
9	科研项目	
9.1	计划、任务书、批准文件	永久
9.2	协议书、委托书、合同	永久
9.3	研究方案、计划、调查研究报告	永久
9.4	试验记录、图表、照片	永久
9.5	实验报告、分析、计算、数据	永久
9.6	实验装置及特殊设备图纸、工艺技术规范说明书	永久
9.7	实验操作规程、事故分析	长期
9.8	阶段报告、技术鉴定、考察报告、课题研究报告	永久
9.9	成果申报、鉴定、获奖及推广应用材料	永久
9.10	专利等知识产权文件	永久
10	涉外文件	
10.1	询价、报价、投标文件	定期
10.2	合同及其附件	永久
10.3	谈判协议、议定书	永久
10.4	谈判记录、备忘录	定期
10.5	谈判过程中外商提交的材料	定期

序号	归 档 文 件	保管期限
10.6	出国考察及收集来的有关材料	定期
10.7	国外各设计阶段文件及设计联络文件	永久
10.8	各设计阶段审查议定书	永久
10.9	技术问题来往函电	永久
10.10	国外设备、材料检验、安装手册、操作使用说明书等随机文件	永久
10.11	国外设备合格证明、装箱单、提单、商业发票、保险单证明	定期
10.12	设备开箱检验记录、商检、海关及索赔文件	永久
10.13	国外设备、材料的防腐、保护措施	定期
10.14	外国技术人员现场提供的文件材料	定期
11	生产技术准备、试生产文件	
11.1	技术准备计划	定期
11.2	试生产管理、技术责任制	定期
11.3	试生产方案、操作规程、作业指导书	定期
11.4	设备试车、验收、运行、维护记录	定期
11.5	试生产产品质量鉴定报告	定期
11.6	缺陷处理、事故分析报告	定期
11.7	试生产总结	定期
11.8	技术培训材料	定期
11.9	产品技术参数、性能、图纸	永久
11.10	工业卫生、劳动保护材料、环保、消防运行检测记录	定期
12	财务、器材管理文件	
12.1	财务计划及执行、年度计划及执行、年度投资统计	定期
12.2	工程概算、预算、标底、合同价、决算、审计及说明	永久
12.3	主要材料消耗、器材管理	定期
12.4	交付使用的固定资产、流动资产、无形资产、递延资产清册	永久
13	竣工验收文件	
13.1	项目竣工验收报告	永久
13.2	工程设计总结	永久
13.3	工程施工总结	永久
13.4	工程监理总结	永久

续表

序号	归　档　文　件	保管期限
13.5	项目质量评审文件	永久
13.6	工程现场声像文件	永久
13.7	工程审计文件、材料、决算报告	永久
13.8	环境保护、劳动安全、卫生、消防、规划、水土保持、档案等验收审批文件	永久
13.9	竣工验收会议文件、验收证书及验收委员会名册、签字、验收备案文件	永久
13.10	项目评优报奖申报材料、批准文件及证书	定期

第四章 施工组织设计编制

第一节 施工组织设计的编制依据和原则

一、编制依据

（1）设计文件。

（2）设备技术文件。

（3）中央或地方主管部门批准的文件。

（4）气象、地质、水文、交通条件、环境评价等调查资料。

（5）技术标准、技术规程、建筑法规及规章制度。

（6）工程用地的核定范围及征地面积。

二、编制原则

（1）严格执行基本建设程序和施工程序。

（2）应进行多方案的技术经济比较，选择最佳方案。

（3）应尽量利用永久性设施，减少临时设施。

（4）重点研究和优化关键路径，合理安排施工计划，落实季节性施工措施，确保工期。

（5）积极采用新技术、新材料、新工艺、新装备、新流程，推动技术进步。

（6）合理组织人力物力，降低工程成本。

（7）合理布置施工现场，节约用地，文明施工。

（8）应制定环境保护措施，减少对生态环境的影响。

第二节　施工组织设计的主要内容

一、施工组织总设计编制的主要内容

（1）编制依据。

（2）工程概况。

（3）工程规模和施工项目及主要工程量。

（4）施工组织机构设置和人力资源计划。

（5）施工综合进度计划。

（6）施工总平面布置图及文字说明。

（7）主要大型施工机械配备和布置以及主要施工机具配备清册。

（8）施工力能供应（水、电、气、通信、消防、照明等）

（9）主要施工方案和季节性施工措施。

（10）技术和物资供应计划，其中包括：工程原材料、半成品、加工及配置品供应计划；设备交付计划；施工图纸交付进度；力能供应计划；施工机械及主要施工机具配备计划；运输计划等。

（11）技术检验计划。

（12）施工质量规划、目标和保证措施。

（13）生产和生活临建设施的安排。

（14）安全文明施工和职业健康及环境保护目标和管理。

（15）降低成本和推广"五新"（新技术、新工艺、新材料、新装备、新流程）等主要计划和措施。

（16）技术培训计划。

（17）竣工后完成的技术总结初步清单。

二、施工组织设计单位工程的内容

施工组织设计单位工程包括：风力发电机组基础、风力发电机组设备安装、集电系统、升压站、房屋建筑等单位工程。凡总设计中已经明确并足以指导施工的内容，可不必重新编写。施工组织设计单位工程的内容一般包括：

（1）编制依据。

（2）工程概况。

1）单位工程项目的规模、工程量。

2）单位工程项目设备及设计特点。

3）单位工程项目的主要施工工艺说明等。

（3）施工组织和人力资源计划。

（4）施工平面布置（总平面布置中有关部分的具体布置）和临时建筑布置。

（5）主要施工方案措施（包括季节性施工技术措施）。

（6）技术和物资供应计划。

（7）单位工程的综合进度安排。

（8）保证工程质量，安全、文明施工，环境保护，降低成本和推广应用"五新"等主要技术措施。

（9）外部委托加工配置清册。

（10）工程竣工后的技术总结清单。

第三节　施工组织设计的编制与交底

一、编制施工组织设计应收集的资料

1. 土建工程

（1）收集与风力发电机组基础有关的水文、地质、地震、气象资料，厂区地下水位及土壤渗透系数；厂区地质柱状图及各层土的物理力学性能；不同频率的江湖水位、汛期及枯水期的起讫及规律；雨季及年降雨日数；寒冷及严寒地区冬季施工期的气温及土壤冻结深度；有关防洪、防雷及其他与研究施工方案、确定施工部署有关的各种资料，与基础相关的配套工程（如交通、输变电等）资料。

（2）施工地区情况及现场情况，例如水陆交通运输条件及地方运输能力；基础所用材料的产地、产量、质量及其供应方式；地方施工企业和制造加工企业可能提供服务的能力；施工地区的地形、地物及征（租）地范围内的动迁项目和动迁量；施工水源、电源、通信可能的供取方式、供应量及其质量状况；地方生活物资的供应状况等。

（3）类似工程的施工方案及工程总结资料。

2. 风力发电机组设备安装

（1）设计图纸、图纸会检、现场条件和施工条件的调查等。

（2）现场调查，收集所需的资料。

（3）应了解与设备安装施工现场有关的风速、雨量、低温期、雷电等气候资料。

（4）了解与机组安装相关的工程情况（如风力发电机组基础施工、风力发电机组集电线路、输变电工程、风力发电机组及相关设备到货情况等）。

（5）参与或可能参与本工程建设的有关单位的情况，例如：建设单位、主（辅）施工单位的情况及施工任务的划分，设计单位及其施工图交付进度，设备制造厂家及其主要设备交付进度，可承担工厂化施工的单位及其能承担的施工项目、数量、交付进度。

（6）风力发电机组设备、安装、交通运输条件及当地运输能力，了解当地有关材料的产地、产量、质量及其供应方式，当地施工企业和制造加工企业可能提供服务的能力。

（7）主要材料、设备、吊装机具的技术资料和供应情况。

（8）地方施工队伍和劳动力可能解决的数量及其技术状况。

二、施工组织设计编制程序

（1）施工组织总设计的编制程序见图 4-1。

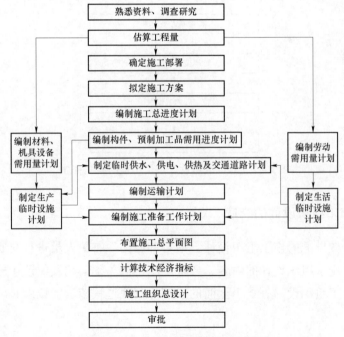

图 4-1　施工组织总设计的编制程序

（2）施工组织设计单位工程的编制程序见图4-2。

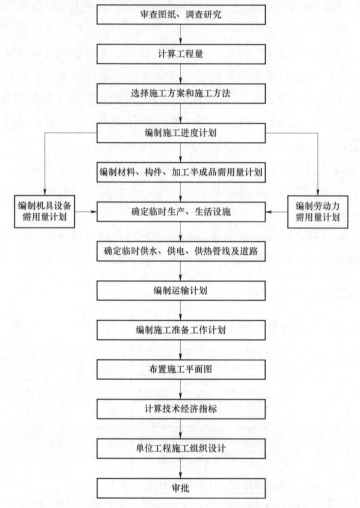

图4-2　施工组织设计单位工程的编制程序

三、施工组织设计的交底

经过审核批准的施工组织设计，项目部应组织有关人员进行交底。交底内容包括讲解施工组织设计的内容、要求，施工的关键问题及保证措施，使各有关人员对施工组织设计有一个全面的了解，交底过程应进行记录。

第五章 图纸会检和安全与技术交底

第一节 图纸会检的方法、重点和时间

施工图纸是施工和验收的主要依据之一。为使施工人员充分领会设计意图、熟悉设计内容、正确施工，确保施工质量，必须在开工前进行图纸会检。对于施工图中的差错和不合理部分，应尽快解决，保证工程顺利进行。

一、图纸会检的方法

会检应由公司各级技术负责人组织，一般按自班组到项目部，由专业到综合的顺序逐步进行。也可视工程规模和承包方式调整会检步骤。会检分三个步骤：

（1）由班组专职工程师（专职技术员）主持专业会检。班（组）施工人员参加，并可邀请设计代表参加，对本班（组）施工项目或单位工程的施工图纸进行熟悉，并进行检查和记录。会检中提出的问题由主持人负责整理后报施工处（队）专责工程师。

（2）由施工处（队）专责工程师主持系统会检。施工处（队）全体技术人员及班组长参加，并可邀请设计、建设、监理等单位相关人员和项目部技术、质量管理部门参加。对本施工处（队）施工范围内的主要系统施工图纸和相关专业间结合部的有关问题进行会检。

（3）由项目部总工程师主持综合会检。项目部的各级技术负责人和技术管理部门人员参加。邀请建设、设计、监理、运行等单位相关人员参加。对本项目工程的主要系统施工图纸、施工各专业间结合部的有关问题进行会检。

一个工程分别由多个施工单位承包施工，则由建设（监理）单位负责组织对各承包范围之间结合部的相关问题进行会检。

二、图纸会检的重点是

（1）施工图纸与设备、原材料的技术要求是否一致。

（2）施工的主要技术方案与设计是否相适应。

（3）图纸表达深度能否满足施工需要。

（4）构件划分和加工要求是否符合施工能力。

（5）各专业之间设计是否协调。如设备外形尺寸与基础设计尺寸、土建和风力发电机组设备对建（构）筑物预留孔洞及埋件的设计是否吻合，设备与系统连接部位、管线之间和电气相关设计等是否吻合。

（6）设计采用的新技术、新工艺、新材料、新设备在施工技术、机具和物资供应上有无困难。

（7）施工图之间和总分图之间、总分尺寸之间有无矛盾。

（8）能否满足生产运行对安全、经济的要求和检修作业的合理需要。

（9）设备布置及构件尺寸能否满足其运输及吊装要求。

（10）设计能否满足设备和系统的启动调试要求。

（11）材料表中给出的数量和材质以及尺寸与图面表示是否相符。

图纸会检前，主持单位应事先通知参加人员熟悉图纸，准备意见，并进行必要的核对工作。

图纸会检应由主持单位做好详细记录并整理汇总，及时将会议纪要发送相关单位。发生设计变更时办理设计变更手续。图纸会检应做出详细记录。综合会检由主持单位做出会议纪要，发送有关单位。图纸会检记录表式见表 5-1。

表 5-1　　　　　　　　　图 纸 会 检 记 录

专业		图纸号		图纸名称	
卷册号		会检方法		会检时间	
序号	会检内容		发现问题	解决意见	
会检人员签字					

委托外单位加工用的图纸由委托单位负责审核。出现设计问题，由委托单位提交原设计单位解决。

三、图纸会检的时间

图纸会检应在单位工程开工前完成。当施工图由于客观原因不能满足工程进度时，可分阶段组织会检。

第二节　施工图问题的处理与图纸会检记录

一、施工图问题的处理

在图纸会检过程中修改、增加的内容，提出的合理化建议，决定采用的新工艺、新技术、新材料，均需对施工图进行修改，并应严格执行设计变更的签证。

设计单位与施工单位提交的工程变更手续，所办理的签证文件，由设计单位向施工单位签发设计变更通知单及修改图纸才有效。

二、图纸会检记录与设计变更

1. 图纸会检记录填写内容与要求

（1）图纸会检参加单位、参加人员姓名以及工程名称。

（2）图纸会检内容，应按照单位工程、分部工程、分项工程分别整理并按照以下要求填写。

（3）填写方法。分别按照图纸会检记录和设计变更通知单填写。凡需由设计单位出具设计变更通知单或图纸会检确定的问题，均由设计单位在解决意见栏内填写清楚（包括绘出简图），尽快由设计单位发文通知建设单位和施工单位。

（4）参加图纸会检的单位与人员均需在图纸会检记录上签字。

2. 设计变更申请单填写要求

（1）施工过程中发现的施工图与实际情况不符时，需用设计变更申请单向设计单位要求办理设计变更通知单。设计变更申请单的表式见表 5-2。

（2）因施工作业条件发生变化与施工图的规定不符时，需用设计变更申请单向设计单位要求办理设计变更通知单。

（3）材料、半成品、设备等与原设计要求不符时，需用设计变更申请单向设计单位要求办理设计变更通知单。

表 5-2   设 计 变 更 申 请 单

机组名		专业名称	
图纸名称		修改原因	
图纸编号		申请日期	
变更内容： 　　　　　　　　　　　　　填报：　　　　　　　日期：			
审核补充意见： 　　　　　　　　　　　　　审核：　　　　　　　日期：			

（4）新技术、新工艺以及职工提出的合理化建议被采纳，需要修改原设计时均需用设计变更申请单向设计单位要求办理设计变更通知单。

（5）凡涉及初步设计主要内容的设计变更和总概算的修改，应按照设计审批权限报原审批单位审批。

（6）在施工过程中，建设单位或设计单位要求对原设计作重大变更时，应征得施工单位同意。

第三节　安全与技术交底的内容

一、安全与技术交底的目的和要求

（1）安全与施工技术交底的目的是使相关人员了解项目工程的概况、技术方针、质量目标、计划安排和采取的各种重大措施及容易发生的安全事故；使施工人员了解其施工项目的工程概况、内容和特点、施工目的，明确施工过程、施工办法、质量标准、安全措施、环保措施、节约措施和工期要求等，做到心中有数。

（2）安全与施工技术交底是施工工序中的首要环节，应认真执行。未经技术交底不得施工。

（3）安全与技术交底必须有的放矢，内容应充实，具有针对性和指导性。要根据施工项目的特点、环境条件、季节变化等情况确定具体办法和方式。交底应注重实效。

（4）工期较长的施工项目除开工前交底外，至少每月再交底一次，重大危险项目（如吊车拆卸等），在施工期内，宜逐日交底。

（5）安全与技术交底必须有交底记录。交底人和被交底人要履行全员签字手续。

二、安全与施工交底责任

（1）安全与技术交底工作由各级生产负责人组织，各级技术负责人交底。重大和关键施工项目必要时可请上级技术负责人参加，或由上一级技术负责人交底。各级技术负责人和技术、安全管理部门应督促检查安全与技术交底工作进行情况。

（2）施工人员应按交底要求施工，不得擅自变更施工方法和质量标准。施工技术人员、技术和质量及安全管理部门发现施工人员不按交底要求施工可能造成不良后果时应立即劝止，劝止无效则有权停止其施工，必要时报上级处理。必须更改时，应先经交底人同意并签字后方可实施。

（3）施工中发生质量、设备或人身安全事故时，事故原因如属于交底错误的，由交底人负责；属于违反交底要求的，由施工负责人和施工人员负责；属于违反施工人员"应知应会"要求的，由施工人员本人负责；属于无证上岗或越岗参与施工的，除本人应负责任外，班组长和班组专职工程师（专职技术员）、专职安全员亦应负责。

三、安全与施工交底内容

1. 工程总体交底——公司级技术交底

在施工合同签订后，公司总工程师宜组织有关技术管理部门依据工程设计文件、设备说明书、施工合同和本公司的经营目标及有关决策等资料拟定安全与技术交底提纲，对项目部各级领导和技术负责人员及相关质量、技术管理部门人员进行交底。其内容主要是公司的战略决策、对本项目工程的总体设想和要求、技术管理的总体规划和对本项目工程的特殊要求，一般包括：

（1）企业的经营方针，本项目工程的质量目标、主要技术经济指标和具体实施以及有关决策。

（2）本工程设计规模和各施工承包范围划分及相关的安排和要求。

（3）工程承包合同主要内容和要求。

（4）对本项目工程的安排和要求。

（5）技术供应，技术检验，推广新技术、新工艺、新材料、新装备、新流程，技术总结等安排和要求。

（6）降低成本目标和原则措施。

（7）其他施工注意事项。

2. 项目工程总体交底——项目部级技术交底

在项目工程开工前，项目部总工程师应组织有关技术管理部门依据施工组织总设计、工程设计文件、施工合同和设备说明书等资料制定技术交底提纲，对项目部职能部门、施工处（队）技术负责人和主要施工负责人及分包单位有关人员进行交底。其主要内容是项目工程的整体战略性安排，一般包括：

（1）本项目工程规模和承包范围及其主要内容。

（2）本项目工程内部施工范围划分。

（3）项目工程特点和设计意图。

（4）总平面布置和力能供应。

（5）主要施工程序、交叉配合和主要施工方案。

（6）综合进度和各专业配合要求。

（7）质量目标和保证措施。

（8）安全文明施工、职业健康和环境保护的主要目标和保证措施。

（9）技术和物资供应要求。

（10）技术检验安排。

（11）采用技术检验，推广新技术、新工艺、新材料、新装备、新流程计划。

（12）降低成本目标和主要措施。

（13）施工技术总结内容安排。

（14）其他施工注意事项。

3. 专业交底——施工处（队）级安全与技术交底

在本施工处（队）施工项目开工前，施工处（队）专责工程师应根据施工组织专业设计、工程设计文件、设备说明书和上级交底内容等资料拟定技术交底大纲，对本专业范围的生产负责人、技术管理人员、施工班组长及施工骨干人员进行安全与技术交底。交底内容是本专业范围内施工和安全技术管理的整体性安排，一般包括：

（1）本施工处（队）施工范围及其主要内容。

（2）各班组施工范围划分。

（3）本项目工程和本施工处（队）的特点，以及设计意图。

（4）施工进度要求和相关施工项目的配合计划。

（5）本项目工程和专业的施工质量目标和保证措施。

（6）安全文明施工、环境保护规定和保证措施。

（7）重大施工方案（如特殊爆破工程，新型设备安装，技术检验，推广新技术、新工艺、新材料、新装备、新流程，新老厂系统的连接、隔离等）。

（8）质量验收依据、评级标准和办法。

（9）本项目工程和专业施工项目降低成本目标和措施。

（10）技术和物资供应计划。

（11）技术检验安排。

（12）应做好的技术记录内容及要求。

（13）施工阶段性质量监督检查项目及其要求。

（14）施工技术总结内容安排。

（15）音像资料内容安排和其质量要求。

（16）保证安全施工的技术措施和安全注意事项及其他施工注意事项。

4. 分专业交底——班组级安全与技术交底

施工项目作业前，由专职技术人员根据施工图纸、设备说明书、已批准的施工组织设计和作业指导书及上级交底相关内容等资料拟定技术交底提纲，并对班组施工人员进行交底。交底内容主要是施工项目的内容和质量标准及保证质量和安全的措施，一般包括以下内容：

（1）施工项目的内容和工程量。

（2）施工图纸解释（包括设计变更和设备材料代用情况及要求）。

（3）质量标准和特殊要求，保证质量的措施，检验、试验和质量检查验收评级依据。

（4）施工步骤、操作方法和采用新技术的操作要领。

（5）安全文明施工保证措施，职业健康和环境保护的要求保证措施。

（6）技术和物资供应情况。

（7）施工工期的要求和实现工期的措施。

（8）施工记录的内容和要求。

（9）降低成本措施。

（10）安全注意事项和施工中容易发生的安全事故与保证安全施工的技术措施。

（11）其他施工注意事项。

5. 要求设计单位交底的内容

（1）设计意图和设计特点以及应注意的问题。

（2）设计变更的情况以及相关要求。

（3）新设备、新标准、新技术的采用和对施工技术的特殊要求。

（4）对施工条件和施工中存在问题的意见。

（5）其他施工注意事项。

进行各级技术交底时都应请建设、设计、制造、监理和生产等单位相关人员参加，并认真讨论，消化交底内容。必要时对内容作补充修改。涉及已经批准的方案、措施的变动，应按有关程序审批。

第四节　安全与技术交底的编制与填写要求

一、安全与技术交底的编制原则

（1）根据该工程的特点及时进行编制，内容应当全面，具有很强的针对性和可操作性。

（2）严格执行相关技术标准和工艺，但禁止生搬硬套标准原文，应根据工程的实际情况将操作工艺具体化，使操作人员在执行工艺时能结合技术标准、工艺要求，并满足质量标准。

（3）在主要分项工程施工方法交底中能够反映出递进关系，交底内容、实际操作、实物质量及质量验收评价四者间必须相符。

二、安全与技术交底的编制要求

（一）内容要求

（1）设计交底包括工程概况、功能概况、建筑设计关键部位、结构设计关键部位及第一次设计变更与工程洽商变更等。

（2）安全与施工技术交底包括工程概况、施工部署、主要施工方法及质量保证措施、施工进度计划、施工准备工作、文明施工规划、安全技术措施等。

（二）主要分项工程技术交底内容

1. 土建部分

前期综合交底包括施工部位、使用材料及材料验收、主要机具、劳动力分布情况、工艺流程和各流程的质量标准、成品及半成品的保护措施等。过程中交底包括交底部位、改善质量的技术措施和管理措施，保证施工安全的技术措施及注意事项等。

2. 风力发电机组设备部分

该部分应包括施工前的准备，施工工艺要求，质量验收标准，成品保护要求，施工中可能出现的问题及处理方法，保证施工安全的技术措施及注意事项等。

3. 电气部分

该部分应包括施工准备，操作工艺，质量标准，应注意的质量问题与保证施工安全的技术措施及注意事项等。

（三）填写要求

（1）依据标准表格进行填写，要求编制、报批及时，文字规范，条理清晰，内容齐全。

（2）技术交底文件编号应按照质量记录工作程序的要求进行编写，按照文件和资料管理程序进行管理。

（3）"工程名称"应与图纸中一致。

（4）填写交底内容时，必须具有很强的可操作性，使施工人员持安全与技术交底便可以进行施工。

（5）安全与技术交底只有当签字齐全后，方可生效，项目部级技术交底发至施工处（队），施工处（队）安全与技术交底发至施工班组，班组安全与技术交底发至施工人员。

作业文件交底记录表见5-3。

表5-3 作业文件交底记录表

第　次交底

作业文件编号及名称					
施工项目		施工单位		记录人	（技术员）
主持人	（班长或施工员）	交底人	（技术员）	交底时间	
主要交底内容	［说明：（1）交底记录可填写下列内容：按××作业指导书交底；安全控制重点及措施；质量控制重点及标准；环境控制重点及措施等。 （2）也可根据具体情况只填写安全控制内容。］				
参加交底人员	参加交底人员签字： （必须本人亲笔签字或按手印）				
安全监护人			施工负责人		

第六章 施工作业文件编制

第一节 作业指导书的编制

作业指导书是用以指导某个具体过程的技术性细节描述的可操作性文件，是指导和保证过程质量的最基础的文件，是质量体系程序文件的支持性文件。

一、编制依据

（1）已批准的施工图和设计变更、设备出厂技术文件；

（2）已批准的施工组织设计；

（3）合同规定采用的标准、规程、规范等；

（4）类似工程的施工经验、专题总结；

（5）工程施工装备和现场条件。

二、编制内容

（1）编制依据；

（2）开工应具备的条件和要求（包括对人员的资格要求）；

（3）主要工程量；

（4）施工用主要工器具；

（5）施工工序与方法；

（6）质量控制关键点；

（7）检查验收及质量标准；

（8）环境保护要求；

（9）安全措施。

三、施工顺序

1. 施工段的划分

风力发电机组设备安装可根据到货进度，工期要求，工作面的大小，设备、材料的供应及能够投入的劳动力数量等具体条件划分若干施工段。

2. 确定单台施工顺序应遵守的原则

（1）各施工过程之间存在的客观工艺关系。

（2）施工方法和施工机械对施工顺序的影响。

（3）施工组织和劳动力连续作业及人力平衡的要求。

（4）工艺间隔和季节性施工要求。

第二节　施工方案和措施的编制

一、质量措施和安全措施的编制

1. 质量措施

特殊工程及采取新结构、新工艺的过程，须根据国家施工及验收规范，针对工程特点编制保证质量的措施。在审查工程图纸和编制施工方案时就应考虑保证工程质量的办法。一般来说，保证质量技术措施的内容主要包括：

（1）确保放线定位正确无误的措施。

（2）确保地基基础，特别是软弱地基、坑穴上基础及复杂基础施工质量的技术措施。

（3）确保主体结构中关键部位施工质量的措施。

（4）保证质量的组织措施，如人员培训、编制操作工艺卡、质量检查验收制度等。

2. 安全措施

风力发电机组设备安装的安全技术要求应符合 GB/T 19568《风力发电机组装配和安装规范》中的有关要求，常规的安全措施采用 DL/T 796《风力发电场安全规程》的有关要求。对于风力发电机组基础和设备安装的安全措施，应包括以下内容：

（1）根据基坑、地下室深度和地质资料，保证土石方边坡稳定的措施。

（2）脚手架、吊栏、各类洞口防止人员坠落的技术措施。

（3）外用电梯、井架及塔吊等垂直运输机具拉结要求和防倒塌的措施。

（4）安全用电和机电设备防短路、防触电的措施。

（5）易燃易爆有毒作业场所的防火、防爆、防毒的技术措施。

（6）季节性安全措施，如雨季防洪、防潮、防雨、防台风、防雷、冬季防冻、防滑、防火、防煤气中毒等措施。

（7）现场周围通行道路及居民防护隔离棚等措施。

（8）使用安全工器具时检查验收的安全措施。

（9）风力发电机组塔架、风力发电机组主体、主变压器及相关设备的吊装和安装高空防坠落安全措施。

（10）设备安装过程中的安全应急预案。

二、风力发电机组基础施工方案和各项措施的编制

（一）风力发电机组基础施工方案编制

1. 确定风力发电机组基础施工过程的方法

这是编制施工方案的核心，直接影响施工方案的先进性与可行性。施工方法的选择要根据设计图纸的要求和施工单位的实际状况进行。将拟定的工程划分为几个施工阶段，确定各个阶段的流水分段。

有了施工图纸、工程量、主导工序的施工方法及分段流水方式后，再根据工期的要求考虑主要的施工机具、劳动力配备、预制构件加工方案，以及土建、设备安装的协作配合方案等，制定出各个主要施工阶段的控制日期，形成一个完整的施工方案。

2. 主导施工过程施工方法的选择

（1）主导施工过程（或单位工程的分部分项工程）包括土石方工程，混凝土和钢筋混凝土工程，厂区建筑房屋基础土石方、基础混凝土、房屋结构主体工程，现场垂直、水平运输，装修工程等。

（2）主导施工过程的施工方法要根据不同类型工程特点及具体条件拟定，其内容要简明扼要，突出重点。对于新技术、新工艺、影响本工程的关键项目，以及工人还不熟练的项目，要编制得更加详细具体，必要时应在施工组织设计以外单独编制技术措施。对于常规做法和工人熟练的项目不必详细拟定，只要提出在工程上的一些特殊要求即可。

3. 编制风力发电机组基础施工方法

由于风力发电机组基础布置面较分散、基础点位多，所以基础施工可采取

流水作业的施工方法进行施工。采用流水作业的基本方法主要有：

（1）由于每个风力发电机组基础的工程量相同，将整个基础工程划分为若干个施工段。

（2）将整个施工段分解为若干个施工过程（或工序）。

（3）每一施工过程（或工序）都由相应的专业队负责施工。

（4）各专业队按照一定的施工顺序，依次先后进入同一施工段，重复进行同样的施工内容。

4. 风力发电机组基础施工段的划分

施工段的数目，必须根据工作面的大小，设备、材料的供应及能够投入的劳动力数量等具体条件来确定。一般来说，流水段的划分应保证各专业队，特别是完成主要工序的专业队有足够的工作面，同时有利于其他后续工种的早日插入。施工中不允许留设施工缝的位置不能作为施工段的边界。

（1）对风力发电机组基础和厂区建筑房屋基础土石方工程量进行计算，并确定施工方法，算出施工工期。

（2）确定风力发电机组基础和房屋建筑物、构筑物的基槽和基坑采用人工开挖或机械开挖的放坡要求。

（3）选择石方爆破方法所需机具和材料。

（4）选择排除地表水、地下水的方法，确定排水沟、集水井和井点布置及所需设备。

（5）绘出土石方平衡图。

（6）风力发电机组基础和房屋基础混凝土和钢筋混凝土工程的重点是搞好模板设计及混凝土和钢筋混凝土施工的机械化施工方法。

（7）对于重要的、复杂工程的混凝土模板，要认真设计。对于房屋建筑预制构件用的模板和工具式钢模、木模、翻转模板及支模方法，要认真选择。

（8）风力发电机组基础和房屋建筑所用的钢筋加工应尽量在加工厂或现场钢筋加工棚内完成，这样可以充分发挥除锈、冷拉、调直、切断、弯曲、预应力、焊接（对焊、点焊）的机械效率，保证质量，节约材料。

（9）风力发电机组基础和房屋建筑的现场钢筋采用绑扎及焊接的方法进行施工。钢筋绑扎应有防偏位的固定措施。焊接应采用竖向钢筋压力埋弧焊及钢筋气压焊等新的焊接技术，这样可节约大量钢材。

（10）对于风力发电机组基础和房屋建筑混凝土的搅拌，不论是采用集中搅拌还是采用分散搅拌，其搅拌站的上料方法和计量方法，一般应尽量采用机械或半机械上料及自动称量的方法，以确保配合比的准确。由于施工现场的环境影响，所以搅拌混凝土过程中的防风措施要考虑周到。

（11）风力发电机组基础和房屋建筑混凝土浇筑，应根据现场条件及混凝土的浇筑顺序、施工缝的位置、分层高度、振捣方法和养护制度等技术措施要求一并综合考虑选择。

（12）变电站的房屋建筑要与设备安装相配合，要根据施工总进度的安排控制工期，如房屋建筑的空间位置，门、窗洞口的留置等。

（二）风力发电机组基础施工各项措施的编制

1. 降低成本措施的编制

降低成本措施应根据施工方案，结合本工程实际情况编制，并计算有关经济指标。可按分部分项工程逐项提出相应的节约措施。如合理进行土方平衡，以节约土方运输和人工费；综合利用塔吊，减少吊次以节约台班费；提高模板精度，采用整装整拆，加速模板周转，以节约木材、钢材；混凝土砂浆加掺合料、外加剂以节约水泥；采用先进的钢筋焊接技术以节约钢材；构件、半成品扩大预制拼装，采用整体安装以节约人工费、机械费等。对各项节约措施，分别列出节约工料数量与金额以便衡量降低成本的效果。

2. 施工技术措施的编制

施工组织设计中除一般的施工方案、施工方法外，若采用新结构、新材料、新工艺、高耸、大跨重型构件，以及深基础，复杂重型设备基础，水下和较弱地基等项目，应单独编制施工技术措施。施工技术人员应掌握以下内容：

（1）掌握新结构、新工艺的详细图纸。

（2）掌握施工方法的特殊要求及工艺流程。

（3）水下及冬雨季施工措施。

（4）技术要求和质量安全注意事项。

（5）材料、构件和施工机具的特点、使用方法及需用量。

（6）确保主体结构中关键部位施工质量的措施。

（7）保证质量的组织措施，如人员培训、编制操作工艺卡及行之有效的质量检查制度等。

三、风力发电机组设备安装施工方案和施工措施的编制

（一）编制施工方案

施工方案和施工方法的选定，是编制施工组织设计的中心环节，应根据工

程的特点，工期要求，材料、构件、机具、劳动力的供应情况，协作单位的施工配合条件，以及现场具体条件等进行全面周密的考虑。

机组安装施工方法的选择要根据设计图纸的要求和施工单位的实际状况进行。

（1）应根据施工图纸、工程量、主导工序的施工方法及分段流水方式、工期要求、主要的施工机具、劳动力配备、预制构件加工方案，以及设备安装的协作配合方案等，确定各个主要施工阶段的控制日期，提出施工方案。

（2）应根据不同类型风力发电机组设备安装特点及具体条件，确定设备安装的施工方法。

（二）编制各项施工措施

1. 编制设备安装施工技术措施

（1）风力发电机组塔架、机舱、风轮吊装的施工方法，应符合设备要求。

（2）风力发电机组塔架、机舱、风轮装卸、摆放的方法，应根据所需的机具设备型号、数量及对道路的要求选定。

（3）风力发电机组塔架、机舱、风轮吊装，应按设备的外形尺寸、重量、安装高度、场内道路、安装场地条件，确定吊装方案。

（4）吊装施工应根据吊装顺序、机械位置、行驶路线，以及大型构件的制作、拼装、就位场地的具体条件制定施工方案。

（5）根据当地气候条件，确定冬季、雨季、风季施工技术措施。

（6）根据吊装需要的材料、构件和施工机具的需用量、使用方法要求，确定吊装措施。

2. 变电所设计和箱式变电站技术条件的编制

变电所的设计应符合 DL/T 5218《220kV～750kV 变电站设计技术规程》中的有关要求。

箱式变电站的选择和安装应符合 DL/T 537《高压低压预装箱式变电站选用导则》中的有关要求。

某风电工程主要施工方案作为示例，见附录。

第七章 施工验收表、施工技术记录编制

第一节 土建工程施工验收表与施工技术记录

土建施工技术记录与签证表格见表 7-1～表 7-19。

表 7-1   混凝土生产质量控制记录

单位工程名称		分项工程名称		工程部位	
施工图号			编号		
检查日期（年、月、日）			作业班次		
混凝土强度等级			抗渗/抗冻等级		
配合比编号			施工配合比编号		
混凝土数量（m³）			混凝土使用单位		
工程名称			结构部位		
检 查 内 容					
检查项目		检查要求	检查结果	处理措施	
原材料	1. 牌号、品种、规格	实地查看各原材料，应符合配合比要求			
	2. 原材料复验报告	核查试验报告单，并摘录报告单编号			
	3. 原材料保管状态	水泥不受潮，砂、石、水不受污染			
	4. 外加剂溶液浓度	实测浓度，应符合规定要求			
计量	1. 每班开盘前应校核计量设备零点	核查计量设备			
	2. 各材料用料计量	每班至少两次，检查各材料用料计量值，应符合配合比			
	3. 计量偏差	每班至少两次，计量偏差应不超出规范允许范围			

续表

	检查项目	检查要求	检查结果	处理措施
搅拌	搅拌时间	每班至少两次、搅拌时间应不少于规范规定		
拌和物	1. 坍落度	检查坍落度值，应符合配合比要求		
	2. 黏聚性、保水性	检查拌和物，应符合规范要求		
试验	1. 骨料含水率测定	每班至少一次，变化大时增加次数，及时调整配合比		
	2. 试块留置	检查试块留置数，应符合规范要求		
其他				

混凝土生产单位（部门）：	技术负责人：	检查人：
年 月 日	年 月 日	年 月 日

表 7-2　　　　　　　　　混凝土工程浇筑施工记录

单位工程名称		分项工程名称		工程部位	
工程名称			结构部位		
混凝土强度等级		混凝土数量（m³）		施工单位	
振捣方式		混凝土来源	□现场搅拌 □集中搅拌 □商品混凝土		
混凝土浇灌通知单（浇灌令）编号					
运输、布料方式					
施工方案（作业指导书）名称及编号					

施工记录	浇灌日期（年、月、日）	作业班次	气候	气温（℃）	浇灌停顿时间	浇灌数量（m³）	坍落度（mm）	记事	值班长	试块数量编号

施工缝留设说明并另附图	

施工负责人：	技术负责人：	班（工段）长：
年 月 日	年 月 日	年 月 日

表 7-3   混凝土工程养护记录

单位工程名称		分项工程名称			工程部位		
施工图号				编号			
工程名称				结构部位			
混凝土强度等级				混凝土数量（m³）			
水泥品种、标号				掺合料品种			
浇灌完毕日期				开始养护日期			
主要养护措施							

	年、月、日	时、分	气候	气温（℃）	养护措施执行内容	养护人
养护记录						

备注	

施工负责人：	技术负责人：	作业班（工段）长：

表 7-4　　　　　　　　　大体积混凝土结构测温记录

单位工程名称			分项工程名称							工程部位						
施工图号					编号											
工程名称					结构部位											
混凝土强度等级				配合比编号						混凝土数量（m³）						
混凝土浇灌日期				混凝土浇灌温度（℃）						开始养护温度（℃）						
测温时间		气温（℃）	各测温点温度													备注
（年、月、日）	（时、分）		1			2			3			4			5		
			表	中	底	表	中	底	表	中	底	表	中	底	表	中	底	
施工负责人：		技术负责人：			测温员：				测温仪名称及计量编号							

表 7-5　　　　　　　　　土建交付安装签证表

编号：

工程名称			合同编号	
致　　监理部： 　　我单位负责施工的_____土建工程，经检查，质量符合交付安装条件，请组织查验。 　　附：自检记录和测量记录 　　　　　　　　　　交付单位（章） 　　　　　　　　　　　负责人：　　　　　　　年　　月　　日 　　　　　　　　　　　联系人：　　　　　　　年　　月　　日				
接受单位查验意见： 　　　　　　　　　　接受单位（章） 　　　　　　　　　　　负责人：　　　　　　　年　　月　　日				
施工监理部意见： 　　　　　　　　　　审　　核：　　　　　　　年　　月　　日 　　　　　　　　　　监理工程师：　　　　　　年　　月　　日				

本表一式三份，由交付单位填报，查验后，交付、接受单位及施工监理部各存一份。

表 7-6   石子物理性能检测报告

委托单位		报告编号	
工程名称		检测编号	
样品名称		工程部位	
生产厂家		规格种类	
检测依据		代表数量	
环境条件		送样日期	

检 测 内 容								
检测项目	检测结果		检测项目			检测结果		
表观密度（kg/m³）			有机物含量					
堆积密度（kg/m³）			坚固性（%）					
紧密密度（kg/m³）			岩石强度（MPa）					
吸水率（%）			压碎指标（%）					
含水率（%）			硫化物及硫酸盐含量（%）					
含泥量（%）			碱活性					
泥块含量（%）			针片状颗粒含量（%）					
筛孔尺寸（mm）								
实际累计筛余（%）								
综合结论								
检测说明								

批准签字/日期：   审核签字/日期：   检测签字/日期：   检测单位（盖章）

表 7-7   钢筋物理性能检测报告

委托单位		报告编号	
工程名称		试验编号	
样品名称		工程部位	
生产厂家		代表数量	
检测依据		送样日期	
环境条件		检测日期	

检 测 内 容

检测编号种类	级别	公称直径	面积（mm²）	屈服点（MPa）	抗拉强度（MPa）	伸长率（%）	冷弯180°
结论							
结论							
结论							
检测说明							

批准签字/日期：   审核签字/日期：   检测签字/日期：   检测单位（盖章）

表 7-8　　　　　　　　　　　混凝土抗压强度试验报告

共　页　第　页

委托单编号：QW　　　　　　　　　　　　　　　　报告编号：QS

委托日期：　　　　　　　　　　　　　　　　　　报告日期：

委托单位：　　　　　　　　　　　　　　　　　　工程名称：

单位工程名称：

见证单位：　　　　　　　　　　　　　　　　　　见证人：

试件规格（mm）						养护条件			
样品状态						样品编号			
试件编号	委托方试件编号	施工部位	强度等级	制作日期 试验日期	龄期（d）	抗压强度（MPa）	强度代表值（MPa）	折算强度值（MPa）	
检测依据									
说　明									

试验单位：　　　　批准：　　　　审核：　　　　试验：

表 7–9　　　　　　　　回 填 土 试 验 报 告

共　页　第　页

委托单编号：TW　　　　记录编号：TY　　　　　报告编号：TS
委托日期：　　　　　　试验日期：　　　　　　报告日期：
委托单位：　　　　　　　　　　　　　　　　工程名称：
单位工程：　　　　　　　　　　　　　　　　结构部位：
见证单位：　　　　　　　　　　　　　　　　见证人：

土壤类别		回填面积	
回填标高（层数）		压实系数	
密度试验方法		最大干密度	g/cm³

试样编号	干密度（g/cm³）	压实系数	试样编号	干密度（g/cm³）	压实系数

检测依据	
结　论	
说　明	

试验单位：　　　　　批准：　　　　　审核：　　　　　试验：

表 7-10   直 螺 纹 检 测 报 告

		允许误差（mm）	规格	代表数量	1	2	3	4	5	6	7	8	9	10	检查结果
工程名称							施工部位								
执行标准															
施工质量验收规范规定															
检查项目	有效螺纹长度														
	完整丝扣圈数														
	不完整螺纹														
	外露丝扣数														
	套筒外观检查														
	丝扣外观检查														

审核签字/日期   检验签字/日期

表 7－11　　　　　　　　＿＿＿＿＿检验批质量验收记录

单位（子单位） 工程名称			分部（子分部） 工程名称				
分项工程名称			验收部位				
施工单位					项目经理		
施工执行标准 名称及编号					专业工长 （施工员）		
分包单位			分包项目经理		施工班组长		
施工质量验收规范的规定			施工单位自检记录		监理（建设）单位验收记录		
主控项目	1						
	2						
	3						
	4						
	5						
一般项目	1						
	2						
	3						
	4						
施工单位 检查结果		项目专业质量检查员：　　　项目专业技术负责人：　　　　年　月　日					
监理（建设） 单位验收结论		专业监理工程师： （建设单位项目专业技术负责人）　　　　　　　　　　　年　月　日					

表 7-12   分项工程质量验收记录

编号：

单位（子单位）工程名称		分部（子分部）工程名称		检验批数	
施工单位		项目经理		项目技术负责人	
分包单位		分包单位负责人		分包项目经理	
序号	检验批及部位、区段	施工单位检查结果		监理（建设）单位验收结论	

备注	
施工单位检查结果	项目专业质量检查员： 项目专业质量（技术）负责人： 年 月 日
监理（建设）单位验收结论	专业监理工程师： （建设单位项目专业技术负责人） 年 月 日

表 7-13　　　　　　　　分部（子分部）工程质量验收记录

编号：

单位（子单位）工程名称					
施工单位		技术部门负责人		质量部门负责人	
分包单位		分包单位负责人		分包技术负责人	
序号	分项工程名称	检验批数	施工单位检查结果	监理（建设）单位验收意见	
质量控制资料					
安全和功能检验（检测）报告					
观感质量验收（综合评价）					
验收结论					
监理（建设）单位	设计单位		勘察单位	施工单位	分包单位
年　月　日	年　月　日		年　月　日	年　月　日	年　月　日

注　除地基基础分部外，勘察单位可不参加。

表 7-14　　　　　　单位（子单位）工程质量竣工验收记录

编号：

单位（子单位）工程名称		结构类型		层数/建筑面积	
施工单位		技术负责人		开工日期	
项目经理		项目技术负责人		竣工日期	
序号	项目	验收记录		验收结论	
1	分部工程	共　　　部分，经查　　　分部 符合标准及设计　　　分部			
2	质量控制资料核查	共　　项，经审查符合要求　　项 经核定符合规范要求			
3	安全和主要使用功能核查及抽查结果	共核查　　项，符合要求　　项 共核查　　项，符合要求　　项 经返工处理符合要求　　项			
4	观感质量验收	共抽查　　项，符合要求　　项 不符合要求　　　项			
5	综合验收结论				
参加验收单位	建设单位	监理单位	设计单位	施工单位	
	（公章） 单位（项目）负责人： 年　月　日	（公章） 总监理工程师： 年　月　日	（公章） 单位（项目）负责人： 年　月　日	（公章） 单位（项目）负责人： 年　月　日	

表 7–15　　　　　　　　　　　水 泥 试 验 报 告

委托单编号：_____ 试验记录编号：_____ 报告编号：_____
委托日期：___年___月___日 试验日期：___年___月___日 报告日期：___年___月___日
委托单位：_____ 工程名称：_____
见证单位：_____ 见证人：_____

生产厂家、品牌					
品种、代号		出厂日期		年　月　日	
强度等级		进货日期		年　月　日	
出厂编号		进货数量		t	
取样地点		取样日期		年　月　日	

试验项目		标　准　值	测　试　值
细度		筛余不得超过 10%（80μm 筛筛析法）	％
标准稠度用水量		执行 GB1346	％
凝结时间	初凝	不得早于　　　　　　min	h　　　min
	终凝	不得迟于　　　　　　h	h　　　min
安定性		沸煮法，必须合格	
抗压强度（MPa）	3d	不得低于	
	28d	不得低于	
抗折强度（MPa）	3d	不得低于	
	28d	不得低于	
依据标准		结　论	
主要计量器具	名称		
	编号		
备注			

试验单位：	批准：	审核：	试验：
	日期：	日期：	日期：

表 7－16　　　　　（　　　　工程）钢筋跟踪台账

序号	规格	牌号	生产厂家	进货日期	进货数量	炉(批)号	出厂合格证号	复试报告编号	使用部位	使用数量	领用人及日期	翻样单编号	焊接报告编号

跟踪员：

表 7–17   预埋件安装质量验收记录

编号：

工程名称				验收部位								
施工单位				项目经理						专业工长（施工员）		
施工执行标准名称及编号										施工班组长		
施工质量验收规范的规定				施工单位自检记录							监理（建设）单位验收记录	
一般项目	1	预埋件	中心位移	≤3mm								
			与模板的间隙	紧贴								
			相邻预埋件高差	≤4（或1.5）mm								
			水平偏差	≤2mm								
			标高偏差	+2～-10mm								
	2	预埋螺栓	中心位移	≤2mm								
			垂直偏差	≤5mm								
			标高偏差	+10～+5mm								
	3	预埋管	中心位移	≤3mm								
			水平或垂直偏差	≤5mm								
施工单位检查评定结果		项目专业质量检查员：			项目专业技术负责人：						年 月 日		
监理（建设）单位验收结论		专业监理工程师：（建设单位项目专业技术负责人）								年 月 日		

注　括号内数为支撑盘柜设备。

表 7–18 　　　　　　　　　　　质 量 问 题 通 知 单

年　　月　　日

单位工程名称_____ 通知单编号_____
存在的质量问题:
说明：施工单位接到本质量问题通知单后应于三天内填写质量问题反馈单报质量部门

质量部门签发人		施工单位接受人	

表 7–19 　　　　　　　　　　　质 量 问 题 反 馈 单

年　　月　　日

单位工程名称_____ 通知单编号_____
质量问题处理情况:
防范措施:
处理确认:

质量部门		施工单位负责人		施工单位质检员	

第二节　安装工程施工验收表与施工技术记录

　　风力发电场建设项目的验收按照《风力发电场项目建设工程验收规程》（DL/T 5191—2004）的规定执行，风力发电机组设备安装工程质量验收表格可按照表 7–20～表 7–41 的样式进行填写。

表 7－20　　　　　　　　　风力发电机组施工单位工程质量验收表

工程编号：　　　　　　　　　　　　　　　　　　　　　　　　共　页　第　页

序号	分部工程名称	性质	验收结果	备注
1	风力发电机组基础	主要		
2	风力发电机组安装	主要		
3	塔架安装	主要		
4	风机电缆	主要		
5	箱式变电站安装	主要		
6	防雷接地网	主要		
验收结论：				
验收单位签名				
施工单位				年　　月　　日
监理单位				年　　月　　日
建设单位				年　　月　　日

表 7－21　　　　　　　　　风力发电机组安装分部工程质量验收表

工程编号：　　　　　　　　　　　　　　　　　　　　　　　　共　页　第　页

序号	分项工程名称	性质	验收结果	备注
1	机舱检查			
2	机舱安装	主要		
3	叶片检查			
4	轮毂检查			
5	叶轮组合			
6	叶轮安装	主要		
验收结论：				
验收单位签名				
施工单位				年　　月　　日
监理单位				年　　月　　日
建设单位				年　　月　　日

表 7－22　　　　　　　　　　**机舱检查分项工程质量验收表**

工程编号：　　　　　　　　　　　　　　　　　　　　　　　共 页　第 页

分项工程名称						编号			
工序	检验指标			性质	单位	质量标准		实际检验结果	结论
机舱外观检查	机舱壳体	壳体外观				无裂纹、无污物、表面光滑；材质符合设计要求			
		安装孔				附件安装孔符合设计要求			
	吊装孔					机舱吊装时无积压，关闭后密封良好			
	防尘毛刷					符合设计要求			
	连接法兰	与塔架连接法兰	外观			无污物、浮锈；无毛刺			
			螺栓孔	主要		间距均匀，平面度、椭圆度符合设计技术要求			
		与毂轮连接法兰	外观			无污物、浮锈；无毛刺			
			螺栓孔	主要		间距均匀，平面度、椭圆度符合设计技术要求			
部件检查	减速机			主要		符合设计要求			
	发电机			主要		符合设计要求			
	连轴机			主要		符合设计要求			
	液压制动器			主要		符合设计要求			
	控制部分			主要		符合设计要求			
	附属设备					符合设计要求			

验收结论：

验收单位签名			
施工单位		年　　月　　日	
监理单位		年　　月　　日	
建设单位		年　　月　　日	

表 7 – 23   机舱安装分项工程质量验收表

工程编号：   共　页　第　页

分项工程名称				编号			
工序	检验指标		性质	单位	质量标准	实际检验结果	结论
机舱安装	机舱起吊就位		主要		设备不损伤，位置正确		
	机舱和塔架连接法兰面				清洁，无尘土、铁屑及杂物		
	机舱与叶轮连接螺栓		主要	psi*	3400		
					5300		
	塔架机舱连接法兰	外观			平整、光洁，无毛刺、凸起		
		平面度误差		mm			
	机舱法兰定位销				就位后更换为相应螺栓		
	机舱外壳				外观干净、无污物；有明显标志，无裂痕、明显的划痕		
	连接轮毂法兰垂直度		主要	mm	≤0.5		
	避雷针安装				符合设计要求		
	风速仪安装				符合设计要求		

验收结论：

验收单位签名				
施工单位		年	月	日
监理单位		年	月	日
建设单位		年	月	日

　* 1psi=6.895kPa。

表 7－24　　　　　　　　叶片检查分项工程质量验收表

工程编号：　　　　　　　　　　　　　　　　　　　　　共 页 第 页

工序	检验指标		性质	单位	质量标准	质量检验结果	结论
外观检查	外表面检查				无裂纹、无污物、表面光滑；油漆均匀，材质符合设计要求		
	接地装置				符合设计要求		
	连接法兰	外观检查			无污物、浮锈，无毛刺		
		连接法兰面			平面度、椭圆度符合设计技术要求		
		连接螺栓			间距均匀，螺纹丝路无损伤，型号符合设计要求		

验收结论：

	验收单位签名	
施工单位		年　　月　　日
监理单位		年　　月　　日

表 7－25   轮毂检查分项工程质量验收表

工程编号：   共 页 第 页

分项工程名称					编号		
工序	检验指标		性质	单位	质量标准	质量检验结果	结论
轮毂外观检查	外观检查				无裂纹、无污物、表面光滑；油漆均匀，焊接符合《电力建设施工质量验收及评价规程 第 7 部分：焊接》（DL/T 5210.7—2010）；材质符合设计要求		
	吊耳				符合设计要求		
	进出口				符合设计要求		
	连接法兰	与机舱连接法兰	外观		无污物、浮锈；无毛刺		
			螺栓孔	主要	间距均匀，平面度、椭圆度符合设计技术要求		
		与叶片连接法兰	外观		无污物、浮锈；无毛刺		
			螺栓孔	主要	间距均匀，平面度、椭圆度符合设计技术要求		
部件检查	变桨机构		主要		符合设计要求		
	液压系统		主要		符合设计要求		
	润滑系统		主要		符合设计要求		

验收结论：

验收单位签名

施工单位		年 月 日
监理单位		年 月 日

表 7-26　　　　　　　　　叶轮组合分项工程质量验收表

工程编号：　　　　　　　　　　　　　　　　　　　　　共　页　第　页

分项工程名称					编号		
工序	检验指标		性质	单位	质量标准	质量检验结果	结论
叶轮组合	叶片起吊组合				设备不损伤，位置正确,叶片角度符合设计要求		
	叶片和轮毂间接地连接				连接良好		
	连接螺栓	螺栓	主要		型号、尺寸符合设计要求，螺栓丝路无损伤、破坏；表面防护良好		
		拧紧力矩	主要		符合设计技术要求		
	塔架机舱连接法兰	外观			平整、光洁，无毛刺、凸起。表面防护措施良好		
		平面度误差		mm	≤0.5		
	液压系统				无损坏,管路连接良好		

验收结论：

　

　

　

验收单位签名

施工单位		年　月　日
监理单位		年　月　日

表 7-27　　　　　　　　叶轮安装分项工程质量验收表

工程编号：　　　　　　　　　　　　　　　　　　　　　　共　页　第　页

分项工程名称				编号		
工序	检验指标		性质	单位	质量标准	质量检验结果	结论
叶轮安装	机舱起吊就位		主要		设备不损伤，位置正确		
	机舱和塔架连接法兰面				清洁，无尘土、铁屑及杂物		
	机舱与叶轮连接螺栓		主要	psi*	3400		
					5300		
	叶轮机舱连接法兰	外观			平整、光洁、无毛刺、凸起		
		平面度误差	主要	mm	≤0.5		
	机舱法兰定位销				就位后更换为相应螺栓		
	叶轮外壳				外观干净、无污物；有明显标志，无裂痕、明显的划痕		

验收结论：

验收单位签名

施工单位		年　月　日
监理单位		年　月　日

*1psi=6.895kPa。

表 7-28　　　　　　　　塔架安装分部工程质量验收表

工程编号：　　　　　　　　　　　　　　　　　　　　　　共　页　第　页

序号	分项工程名称	性质	验收结果	备注
1	塔架检查			
2	基础环检查	主要		
3	塔架安装	主要		
4	螺栓连接	主要		

验收结论：

验收单位签名

施工单位		年　月　日
监理单位		年　月　日

表 7－29　　　　　　　　　**塔架检查分项工程质量验收表**

工程编号：　　　　　　　　　　　　　　　　　　　　　　　　　共　页　第　页

分项工程名称					编号		
工序	检验指标		性质	单位	质量标准	质量检验结果	结论
塔架安装前检查	设备外观				无裂纹、重皮、严重锈蚀、损伤		
	厂家焊缝		主要		符合 DL/T 5210.7—2010《电力建设施工质量验收及评价规程 第 7 部分：焊接》		
	元件材质		主要		无错用		
	塔架长度偏差	焊接			符合《验收规程》焊接部分		
		高强螺栓			符合设计要求		
	塔架弯曲度			mm	不大于柱长的 1/1000，且不大于 10mm		
	塔架扭转值			mm	不大于柱长的 1/1000，且不大于 10mm		
	塔架垂直度偏差			mm	≤5‰塔架直径		
	塔架平整度偏差			mm	≤5‰塔架直径		
	塔架高度偏差	$L \leqslant 20m$		mm	±10		
		$L > 20m$		mm	±20		
	塔架倾斜度			mm	≤2		
验收结论：							
验收单位签名							
施工单位						年　月　日	
监理单位						年　月　日	

表 7－30　　　　　　　　基础环检查分项工程质量验收表

工程编号：　　　　　　　　　　　　　　　　　　　　　　　共 页 第 页

分项工程名称					编　号			
工序	检验指标		性质	单位	质量标准		质量检验结果	结论
					合格	优良		
塔架安装前基础环检查	基础环露出地面高度误差		主要	mm	±20			
	基础环水平度偏差		主要	mm	≤3			
	螺栓孔间距误差		主要	mm	≤0.5			
	螺栓孔检查	直径误差	直径≤30mm	主要	mm	≤2	≤0.5	
			直径>30mm			≤3	≤1	
		螺栓孔椭圆度	主要	mm	±1.5			
		螺栓孔内表面			表面光滑，无凹凸点。防锈良好			
	基础环上表面				表面光滑，无凹凸点。防锈措施良好，无污物			
	基础环焊接				按 DL/T 5210.7—2010			

验收结论：

验收单位签名

施工单位		年　　月　　日
监理单位		年　　月　　日
建设单位		年　　月　　日

表 7－31　　　　　　　　　　　塔架安装分项工程质量验收表

工程编号：　　　　　　　　　　　　　　　　　　　　　　　共　页　第　页

分项工程名称				编号		
工序	检验指标		性质	单位	质量标准	质量检验结果	结论

工序	检验指标		性质	单位	质量标准	质量检验结果	结论
塔架安装	塔架中心线偏差		主要	mm	±20		
	塔架标高偏差			mm	≤3		
	塔架上表面水平度误差		主要	mm	≤0.5		
	塔架垂直度偏差			mm	≤1‰已安装高度		
	螺栓安装	螺栓型号			符合设计要求		
		螺栓数量			符合设计要求		
		拧紧螺栓顺序			符合设计要求		
		拧紧螺栓次数			符合设计要求		
		拧紧螺栓力矩	主要		符合设计要求		
		垫片放置			符合设计要求		

验收结论：

验收单位签名			
施工单位		年　月　日	
监理单位		年　月　日	

表 7-32　　　　　　　　　螺栓连接分项工程质量验收表

工程编号：　　　　　　　　　　　　　　　　　　　　　共 页 第 页

分项工程名称				编号		
工序	检验指标	性质	单位	连接螺栓拧紧力矩		结论
				第一次拧紧力矩	第二次拧紧力矩	
塔架	底段塔架和基础环	主要	psi			
	底段与中段塔架	主要	psi			
	中段与上段塔架	主要	psi			
上段塔架与机舱连接座		主要	psi			
叶片和轮毂连接	叶片Ⅰ	主要	psi			
	叶片Ⅱ	主要	psi			
	叶片Ⅲ	主要	psi			
叶轮与机舱		主要	psi			

验收结论：

验收单位签名

施工单位		年 月 日
监理单位		年 月 日

100

表 7–33　　　　　　　　　**风电机缆分部工程质量验收表**

工程编号：　　　　　　　　　　　　　　　　　　　　　　　共 页　第 页

序号	分项工程名称	性质	验收结果	备注
1	电缆敷设			
2	电力电缆终端支座安装			
3	电力电缆中间接头制作安装			

验收结论：

<table>
<tr><td colspan="2" align="center">验收单位签名</td></tr>
<tr><td>施工单位</td><td>年　　月　　日</td></tr>
<tr><td>监理单位</td><td>年　　月　　日</td></tr>
</table>

表 7–34　　　　　　　　　**电缆敷设分项工程质量验收表**

工程编号：　　　　　　　　　　　　　　　　　　　　　　　共 页　第 页

分项工程名称					编号		

工序	检验指标		性质	单位	质量标准	质量检验结果	结论
敷设前检查	电缆	型号、电压及规格			按设计规定		
		外观检查			无机械损伤		
		绝缘检查	主要		良好		
	辐射路径				按设计规定		
	辐射温度				按 GB 50168—2016 规定		
	端头密封	油纸绝缘电力电缆			铅封密实，无渗油		
		交联聚乙烯电缆			可靠，严密		
		充油电缆			按 GB 50168—2016 规定		

续表

工序	检验指标		性质	单位	质量标准	质量检验结果	结论
电缆敷设	油纸电缆敷设位差		主要		按 GB 50168—2016 规定		
	电缆弯曲半径		主要				
	与热力设备、道之间净距	平行敷设	主要		≥1m，不宜敷设于热力管道上部		
		交叉敷设		m	≥0.5		
	与保温层之间净距	平行敷设	主要	m	≥0.5		
		交叉敷设		m	≥0.2		
	电缆排列	外观检查			排列整齐，弯度一致，少交叉		
		交流单芯电缆排列方式			按设计规定		
	电缆标志牌	装设位置			电缆终端、电缆中间接头处		
		标志			按 GB 50168—2016 规定		
		固定			挂装牢靠		
		规格			一致		
	电缆支持点间距离				按 GB 50168—2016 规定		
	水平敷设		主要		电缆首末端及转弯处，接头两端		
	超过 45°倾斜敷设		主要		电缆每个支持点		
	夹具型式				按设计规定		
	交流单芯电缆固定夹具				夹具无铁件构成的闭合磁路		
	裸铅（铝）套电缆固定处保护				软衬垫齐全、可靠		
	电缆固定强度				牢靠		
敷设后检查	电缆外观检查		主要		无机械损伤		
	电缆孔洞处理				电缆沟、隧道、竖井、建筑物及盘（柜）电缆出入口封闭良好		

验收结论：

验收单位签名

施工单位		年 月 日
监理单位		年 月 日

表 7－35　　　　　　　**电力电缆终端支座安装分项工程质量验收表**

工程编号：　　　　　　　　　　　　　　　　　　　　　　　　共　页　第　页

分项工程名称					编号		
工序	检验指标		性质	单位	质量标准	质量检验结果	结论
制作前检查	电缆	位置			按设计规定		
		型号、电压及规格			按设计规定		
		绝缘检查	主要		良好		
电缆终端制作	电缆终端盒及其配件				齐全，无损伤		
	制作工艺				按工艺规程规定		
	接地线	接地线规格			按 GB 50168—2016 规定		
		电缆穿过零序电流互感器接地线					
		接地线焊接			牢固、可靠		
	单芯电缆金属层接地				一端接地		
	电缆芯线外观检查				无损伤		
	芯线绝缘包扎长度				按工艺规程规定		
	油纸电缆铅封	位置			电缆终端盒金属外壳与该处的电缆金属护套		
		外观检查	主要		黏附密实，牢固，厚薄均匀，表面光滑，无夹渣、沙眼、缝隙		
	环氧复合物配置和浇筑		主要		按制造厂或工艺规程规定，搅拌均匀，无气泡		
	聚乙烯电缆芯线外观检查				无碳迹、划痕		
	预制电缆终端制作				按制造厂规定		
	热缩电缆终端制作						
	冷缩电缆终端制作						
	线鼻子	线鼻子规格			与芯线相符		
		铜线鼻子			表面光滑、干净		
	芯线连接	压模规格			与导线规格相符		
		压入深度			按工艺规程规定		
	油纸电缆终端密封检查				无渗油		
	相色标志				正确		
	固定强度				牢固		
	线鼻子与电气装置连接				按 GB 50168—2016 规定		

验收结论：

验收单位签名				
施工单位			年　月　日	
监理单位			年　月　日	

表 7-36　　　　　　电力电缆中间接头制作安装分项工程质量验收表

工程编号：　　　　　　　　　　　　　　　　　　　　　　　　　共 页 第 页

工序	检验指标			性质	单位	质量标准	质量检验结果	结论
制作前检查	电缆	型号、电压及规格				按设计规定		
		外观检查				无机械损伤和渗油		
		绝缘检查		主要		良好		
	电缆中间接头盒及其附件					齐全无损伤		
电力电缆中间接头	制作工艺					按工艺流程规定		
	电缆中间接头、接头盒规格					按设计图纸		
	电缆芯线外观检查					无损伤		
	连接管与芯线连接	连接管规格				与芯线相符		
		铜连接管镀锡				表面光滑、干净		
		压接	压模尺寸			与导线规格相符		
			外观尺寸	主要		完好		
	绝缘纸（带）包扎外观检查			主要		搭盖均匀，无空隙、皱褶		
	油纸电缆铅封	位置				电缆终端盒金属外壳与该处的电缆金属护套		
		外观检查		主要		黏附密实，牢固，厚薄均匀，表面光滑，无夹渣、沙眼、缝隙		
	配置和浇筑环氧复合物			主要		按制造厂或工艺规程		
	接地线	接地连接线规格				按 GB 50168—2016 规定		
		锡焊外观检查		主要		按 GB 50168—2016 规定		
		接头处屏蔽层、铠装层连接						
		外观检查						
	油纸中间接头密封检查			主要		无渗油		
	热缩中间接头制作					按制造厂规定		
	冷缩中间接头制作					按制造厂规定		

验收结论：

验收单位签名

施工单位		年　　月　　日
监理单位		年　　月　　日

表 7 – 37　　　　　　　**箱式变电站安装分部工程质量验收表**

工程编号：　　　　　　　　　　　　　　　　　　　　　　共　页　第　页

序号	分项工程名称	性质	验收结果	备注
1	箱式变电站安装			
2	箱式变电站带电试运行	主要		
验收结论：				
验收单位签名				
施工单位			年　月　日	
监理单位			年　月　日	

表 7 – 38　　　　　　　**箱式变电站安装分项工程质量验收表**

工程编号：　　　　　　　　　　　　　　　　　　　　　　共　页　第　页

分项工程名称				编号			
工序	检验指标		性质	单位	质量标准	质量检验结果	结论
基础安装	制作及布置				按设计规定		
	与预埋件连接				牢固		
本体就位	位置				按设计规定		
	与基础配合				牢固		
附件安装	气体继电器安装	密封及校验	主要		良好、合格		
		继电器安装			水平、标志方向正确		
		连通管升高坡度			按制造厂规定		
		连通管插入箱盖深度			与箱盖内表面平齐		
	安全气道安装	管道导通性			畅通		
		膜片外形	主要		完整、无变形		
		法兰密封			无渗漏		
	温度计安装	插孔内介质及密封			同箱内绝缘油良好，严密		
		测温包毛细管导通		mm	弯曲半径大于 50mm		
	吸湿器安装	与油枕连接			牢固、密封		
		油封油位			在油面线处		
		吸湿剂			干燥		

续表

工序		检验指标	性质	单位	质量标准	质量检验结果	结论
附件安装	压力释放阀安装	阀盖及升高座内部			清洁、密封良好		
		电触点动作			准确		
		绝缘水平			良好		
整体检查	箱体及附件	铭牌及接线图标志			清晰		
		油漆			完整		
		附件安装			无短缺、完好		
		散热片			无变形		
		密封			无渗漏		
		油门			无漏油		
	引出线端子	磁套	主要		清洁、无机械损伤，无裂纹		
		接合面			紧固、无渗油		
		与导线连接	主要		紧固、端子不受外力		
	电压切换装置	接点分断情况	主要		手感明显		
		装置密封			无渗油		
		指示位置和标识	主要		符合运行规定		
	温度控制器指示				正常		
	绝缘油	试验	主要		合格		
		油位	主要		正常		
其他	中性点接地				按设计规定		
	基础及本体接地				分别接地，且接地牢固、导通良好		

验收结论：

验收单位签名

施工单位		年　月　日
监理单位		年　月　日

106

表 7-39　　　　　　箱式变电站带电试运行分项工程质量验收表

工程编号：　　　　　　　　　　　　　　　　　　　　　　　　　共　页　第　页

变压器型号		额定电压（kV）		接线方式	
额定容量（MVA）		额定电流		冷却方式	
短路阻抗（%）		调压方式		油重（t）	
制造厂家		出厂编号		出厂日期	

检 查 项 目		检查结果
带电前设备及系统检查	变压器已命名，外观清洁，油坑内的卵石大小符合要求	
	本体、冷却装置等附件无缺陷，制动装置固定牢靠	
	变压器中性点、本体等已与接地网可靠连接	
	储油柜、冷却装置等油系统上的阀门已全部打开	
	控制箱、端子箱内清洁，电缆牌齐全，孔洞封堵严密	
	变压器相位、相色正确，分接头位置符合运行要求	
	测温指示仪表已校验、储油柜油位正常	
	变压器全部电气试验合格，保护装置已校验并按要求整定	
	所有操作及联动试验正确，冷却装置已试运正常	
	变压器各部位残留空气已排完	
	事故排油设施、火灾报警及灭火喷淋装置已验收	

检 查 项 目		检查结果
带电后运行状态检查	对变压器进行 5 次冲击合闸实验	
	变压器音响	
	保护投入率	
	保护动作情况	
	表计及信号指示	
	变压器带点运行 24h	
	对变压器本体、附件等所有连接面及焊缝检查，无渗漏油	

带电运行结论：
（本变压器于　　年　月　日　时　分～　年　月　日　时　分，带电试运　h，设备及控制、保护、信号等系统工作正常。）

验收单位签名				
施工单位		年	月	日
监理单位		年	月	日

表 7-40 　　　　　　防雷接地网安装分部工程质量验收表

工程编号： 　　　　　　　　　　　　　　　　　　　共 页 第 页

序号	分项工程名称	性质	验收结果	备注
1	屋外接地装置安装	主要		

验收结论：

<table>
<tr><td colspan="3" align="center">验收单位签名</td></tr>
<tr><td>施工单位</td><td></td><td>年　月　日</td></tr>
<tr><td>监理单位</td><td></td><td>年　月　日</td></tr>
</table>

表 7-41 　　　　　　屋外接地装置安装分项工程质量验收表

工程编号： 　　　　　　　　　　　　　　　　　　　共 页 第 页

分项工程名称				编号		

工序	检验指标	性质	单位	质量标准	质量检验结果	结论
垂直接地体制作及敷设	材料规格	主要		按设计规定		
	镀锌件表面检查			镀锌层表面完好		
	接地体（顶面）埋深	主要	mm	≥600mm		
接地装置连接	接地体间距离			按设计规定		
	扁钢截面及厚度	主要		按设计规定		
	接地体入地下最高点与地面距离（埋深）	主要	mm	≥600mm		
	通过公路处接地体的埋设深度			按设计规定		
	接地体外缘闭合角形状			圆弧形		
	接地体圆弧弯曲半径			≥5		
	相邻两接地体间距离		m	按设计规定		

续表

工序	检验指标		性质	单位	质量标准	质量检验结果	结论
接地装置连接	接地体与建筑物距离				按设计规定		
	通过公路、铁路、管道等交叉处及可能遭机械操作处的保护				用角钢覆盖或穿钢管		
	通过墙壁时的保护				有明孔、钢管或其他坚固保护套		
	接地体引出线的防腐措施				刷防腐漆		
	引向建筑物的入口处和检修临时接地点标记				刷白色底漆并标以黑色符号		
	采用镀锌件时芯层检查				完好		
	搭接长度	扁钢与扁钢			≥2倍宽度，且焊接面≥3面		
		圆钢与圆钢或圆钢与扁钢			≥6倍圆钢直径		
	扁钢与钢管（角钢）				接触部位两侧焊接，并焊以加固卡子		
	焊接部位表面处理				刷防腐漆		
	焊接部位检查				牢固		
	与其他接地装置间连接点数			点	≥2		
回填土	回填土质				无石块、杂物		
	密实度		主要		分层夯实		
	接地电阻		主要		按设计规定		

验收结论：

验收单位签名

施工单位		年　月　日
监理单位		年　月　日

风力发电场建设工程安装施工技术记录主要表式见表 7−42−表 7−47。

表 7−42　　　　　　　　　电 缆 敷 设 记 录

工程编号：　　　　　　　　　　　　　　　　　　　　　　　共 页 第 页

序号	电缆编号	规格型号	起点	终点	长度（m）	油压（MPa）	环境温度（℃）	三相排列	备注
1									
2									
3									
4									
5									
6									
7									
8									
9									
10									
施工单位				施工处（队）					
质检部				监理单位					

表 7−43　　　　　　　　屋外接地装置隐蔽前检查签证表

隐蔽范围		
检验项目	检验结果	备　注
接地沟深度	m	
水平接地体材质、规格		
垂直接地体材质、规格		
接地装置连接方法		
接地体搭接长度		
接地体焊接面数		
水平与垂直接地体连接方法		
焊接处的防腐措施		
接地装置顶面距地面高度	m	
沟内有无石块、建筑垃圾		
接地装置示意图应有份数	实有份数	

隐蔽前检查结论：
（经检查，上列屋外接地装置隐蔽前检查项目，施工质量符合规范规定，可以隐蔽。但回填土中不应含有石块及建筑垃圾，回填后应分层夯实。）

质检机构	验 收 意 见	签　名
施工处（队）		年　月　日
质检部		年　月　日
监理单位		年　月　日
建设单位		年　月　日

表 7-44　　　　　　　　防雷接地隐蔽检查及测试记录

工程名称				图　号			
分项名称				测试前三天天气			
测试仪表				测试时间		年　月　日	
避雷针（网）敷设方式：					材料及防腐：		
引下线敷设及连接方式：					材料及防腐：		
接地线敷设及连接方式：							
接地网平面示意图及测点位置编号：							
接地电阻设计要求 不应大于　　Ω	实测 结果	1.		5.		9.	
		2.		6.		10.	
		3.		7.		11.	
		4.		8.		12.	
测试时： 天气： 气温：　　℃	备注						
建设单位： 代表： 其他： 　　　　　年　月　日				施工单位： 施工技术负责人： 质　　检： 记　　录： 　　　　　年　月　日			

表 7-45　　　　　　　　高强螺栓安装前检查记录

工程名称		检查日期	
检查项目	检查结果		备注
产品质量合格证、中文标志及检验报告			
扭矩系数或预拉力复验报告			
高强度螺栓连接副，应按包装箱配套供货，包装箱上应标明批号、规格、数量及生产日期。螺栓、螺母、垫圈外观表面应涂油保护，不应出现生锈和沾染脏物，螺纹不应损伤			
表面硬度试验			

审核：　　　　　　　　　　　　　　　　　　　　　　　　　　　　　　　　检查：

表 7-46 塔架平台、梯子检查记录

工序	检验指标			单位	合格质量标准	质量检验记录
设备检查	设备外观				主要构件无裂纹、重皮、严重锈蚀、损伤	
	平台检查	长度偏差		mm	≤长度的0.2%且≤10	
		宽度偏差		mm	±5	
		弯曲度	当L<6m	mm	≤6	
			当L=6～10m	mm	≤10	
			当L>10m	mm	≤12	
	扶梯	长度偏差		mm	±10	
		弯曲度	平弯	mm	≤5	
			旁弯			
平台、梯子组合安装	厂家焊缝				符合DL/T 5210.7—2010	
	平台标高偏差			mm	±10	
	平台托架水平度偏差			mm	≤长度的0.2%	
	两平台连接高低差			mm	≤5	
	平台与立柱中心线偏差			mm	±10	
栏杆、围板安装	栏杆柱子	垂直度偏差		mm	≤3	
		柱距			间距均匀，符合设计	
	横杆平直度偏差			mm	≤10	
	栏杆接头				光洁、无毛刺	
	围板安装				平直、无明显凹凸不平	
	焊接				符合DL/T 5210.7—2010	
结论						

建设单位： 质检部门： 施工处（队）：
年 月 日填

注 1. 平台弯曲度是指平台挠度加平台弯曲。
2. L是平台长度。

表 7－47　　　　　　　　　　　箱式变电站安装记录

工程名称		检查日期	
检 查 项 目		检查结果	备注
箱体安装牢固、平直			
变压器及附件试验调整合格，器身无碰撞			
变压器与线路连接压线紧固，接线良好			
变压器的各种保护装置整定值符合设计，动作可靠			
接地体、接地线及避雷装置安装符合设计要求，接地电阻符合要求			
裸露带电体加保护栅栏，并悬挂危险警示牌			

审核：　　　　　　　　　　　　　　　　　　　　　　　　　检查：

第三节　风电设备的开箱检验与维护保管记录

风电设备的开箱检验是保证电站设备质量的重要手段之一。为防止风电设备的丢失、受潮、锈蚀、霉烂、变质、变形、冻裂、灰尘污染等，保证设备完好无损，必须对基本建设阶段的风电设备进行维护保管。

一、风电设备的开箱检验

设备到达现场后，在索赔期内应组织开箱清点检查，主要任务是核实设备件箱数，检查包装是否完好，外表是否有损伤、锈蚀，外形尺寸、开口位置是否符合图纸要求，随机文件资料是否齐全等。一般开箱检验，卖方应派代表参加，对于进口设备海关、商检等单位亦应派代表参加监督检查。开箱检验发现的问题应作详细记录，见表 7－48，并写明情况和处理意见，作为双方交涉的依据。

表 7-48 设备开箱检验及处理记录

工程名称		设备名称	
型号		制造厂编号	
制造厂		检验时间	

检查内容：

负责人签字/日期

发现的问题：

负责人签字/日期

处理措施：

负责人签字/日期

措施审核：

负责人签字/日期

处理情况记录：		相关文件	
		名称	编号
负责人签字/日期			

验收意见：

负责人签字/日期

二、风电设备的维护保管

（1）塔架露天存放时，塔架底部应放置 V 形垫木防止滚动，下表面离地面≥150mm，V 形垫木与塔筒之间应放置缓冲物。

（2）存放地点应能避免积水浸泡塔架，塔架两端用防雨布封堵，防止灰尘雨雪进入。

设备到现场后，对设备进行清点和检查，并做出详细记录（见表 7-48）。随机文件做好登记，送交建设单位保存并做好维护保管记录，见表 7-49。

表 7 – 49　　　　　　　　　　　　设 备 维 护 保 管 记 录

设备名称：		到库时间：		存放位置：	
维护保管要求：					
序号	时间	维护保管内容			责任人

第八章　工程监理与质量监督检验资料

第一节　工程监理技术文件及验收记录

风电建设工程的监理工作应按照 DL/T 5434—2009《电力建设工程监理规范》的规定进行，监理单位应编制监理规划和监理实施细则。

一、监理规划的编制

1. 监理规划的编制依据

（1）与电力建设工程项目有关的法律、法规、规章、规范和工程建设标准强制性条文。

（2）与电力建设工程项目有关的项目审批文件、设计文件和技术资料。

（3）监理大纲、委托监理合同以及与电力建设工程项目相关的合同文件。

（4）与工程项目相关的建设单位管理文件。

2. 监理规划的内容

（1）工程项目概况。

（2）监理工作范围。

（3）监理工作内容。

（4）监理工作目标。

（5）监理工作依据。

（6）项目监理机构的组织形式。

（7）项目监理机构的人员配备计划。

（8）项目监理机构及监理人员岗位职责。

（9）监理工作程序。

（10）监理工作方法及措施。

（11）监理工作制度。

（12）监理设施。

监理规划应在签订委托监理合同及收到设计文件后由总监理工程师主持、专业监理工程师参加编制，经监理单位技术负责人批准，报送建设单位。监理规划的编制应针对风电建设工程项目的实际情况，明确项目监理机构的工作目标，确定具体的监理工作制度、程序、方法和措施。

在监理工作实施过程中，如实际情况或条件发生重大变化，需要调整监理规划时，应由总监理工程师组织专业监理工程师进行修改，并经监理单位技术负责人批准后报送建设单位。

二、监理实施细则的编制

1. 监理实施细则的编制依据
（1）已经批准的监理规划。
（2）与专业工程相关的标准、规范、设计文件和技术资料。
（3）经批准的施工组织设计、施工方案。
2. 监理实施细则的与内容
（1）专业工程的特点。
（2）专业监理工作重点。
（3）监理工作流程。
（4）监理工作主要控制要点、目标。
（5）监理工作方法及措施。

在监理工作实施过程中，专业监理工程师应根据实际情况对监理实施细则进行补充、修改和完善，并经总监理工程师批准后实施。

三、电力建设工程监理基本表式

电力建设工程监理基本表式包括：承包单位用表见表 8-1～表 8-23，监理单位用表见表 8-24～表 8-28，设计单位用表见表 8-29～表 8-31，各方通用表见表 8-32 和表 8-33。

电力建设工程监理基本表式填写要求：

（1）监理基本表式一般采用打印，建设单位、项目监理机构审查意见采用手写方式。

（2）姓名及其日期签署采用手写方式。

（3）盖章：除按填写要求盖公司章外，其他盖章处，一律盖项目部/项目监理机构的章。

表 8-1   **工 程 开 工 报 审 表**

工程名称   编号:

致: _____项目监理机构

    我方承担的 _____工程,已经完成了开工前的各项准备工作,特申请

于_____年___月_____日开工,请审查。

☐施工组织设计(项目管理实施规划)已审批;
☐各项施工管理制度和相应的施工方案已制定并审查合格;
☐施工图已会检;
☐技术交底已进行;
☐质量验收及评定项目划分表已报审;
☐工程控制网测量/线路复测资料已审核;
☐质量管理体系、安全环境管理体系满足要求;
☐特殊工种/特种作业人员满足工程需要;
☐本工程的施工人力和机械已进场;
☐物资、材料准备能满足连续施工的需要;
☐计量器具、仪表经法定单位检验合格;
☐分包单位资格审查文件已报审;
☐试验(检测)单位资质审查文件已报审;
☐上道工序已完工并验收合格。

承包单位(章):
项目经理: _____
日 期: _____

项目监理机构审查意见:

项目监理机构(章):
总监理工程师: _____
日 期: _____

建设单位审批意见:

建设单位(章):
项目代表: _____
日 期: _____

填报说明:

1. 本表一式____份,由承包单位填报,建设单位、项目监理机构各一份,承包单位____份。

2. 报审中的"☐"作为附件附在报审表后,项目监理机构审查确认后在框内打"√"。

3. 项目监理机构审查要点:工程各项开工准备是否充分;相关的报审是否已全部完成;是否具备开工条件。

表 8－2　　　　　　　　　工 程 复 工 申 请 表

工程名称　　　　　　　　　　　　　　　　　　　　　　　　　　　编号：

致：＿＿＿＿＿＿＿＿＿＿＿＿＿＿＿＿＿＿＿＿项目监理机构 　　第＿＿＿＿＿号工程暂停令指出的＿＿＿＿＿＿＿＿＿＿工程停工因素现已全部消除，具备复工条件。 特报请审查，请予批准复工。 附件：整改自查报告。   　　　　　　　　　　　　　　　　　　　　　　　　　　　承包单位（章）： 　　　　　　　　　　　　　　　　　　　　　　　　　　　项目经理：＿＿＿＿＿＿＿＿ 　　　　　　　　　　　　　　　　　　　　　　　　　　　日　　期：＿＿＿＿＿＿＿＿
项目监理机构审查意见：   　　　　　　　　　　　　　　　　　　　　　　　　　　　项目监理机构（章）： 　　　　　　　　　　　　　　　　　　　　　　　　　　　总监理工程师：＿＿＿＿＿＿＿ 　　　　　　　　　　　　　　　　　　　　　　　　　　　日　　期：＿＿＿＿＿＿＿
建设单位审批意见：   　　　　　　　　　　　　　　　　　　　　　　　　　　　建设单位（章）： 　　　　　　　　　　　　　　　　　　　　　　　　　　　项目代表：＿＿＿＿＿＿＿＿ 　　　　　　　　　　　　　　　　　　　　　　　　　　　日　　期：＿＿＿＿＿＿＿＿

填报说明：

本表一式＿＿＿份，由承包单位填报，建设单位、项目监理机构、承包单位各一份。

表 8-3 施工组织设计报审表

工程名称　　　　　　　　　　　　　　　　　　　　　　　　　　　　　编号：

致：＿＿＿＿＿＿＿＿＿＿＿＿＿＿＿＿＿＿项目监理机构
我方已根据承包合同的有关规定完成了＿＿＿＿＿＿＿＿＿＿＿＿＿工程施工组织设计（项目管理实施规划）的编制，并经我单位技术负责人审查批准，请予以审查。 附件：施工组织设计（项目管理实施规划）。   　　　　　　　　　　　　　　　　　　　　　　　承包单位（章）： 　　　　　　　　　　　　　　　　　　　　　　　项目经理：＿＿＿＿＿＿＿＿ 　　　　　　　　　　　　　　　　　　　　　　　日　　期：＿＿＿＿＿＿＿＿
专业监理工程师审查意见：   　　　　　　　　　　　　　　　　　　　　　　　专业监理工程师：＿＿＿＿＿＿ 　　　　　　　　　　　　　　　　　　　　　　　日　　　期：＿＿＿＿＿＿
总监理工程师审核意见：   　　　　　　　　　　　　　　　　　　　　　　　项目监理机构（章）： 　　　　　　　　　　　　　　　　　　　　　　　总监理工程师：＿＿＿＿＿＿ 　　　　　　　　　　　　　　　　　　　　　　　日　　期：＿＿＿＿＿＿＿
建设单位审批意见：   　　　　　　　　　　　　　　　　　　　　　　　建设单位（章）： 　　　　　　　　　　　　　　　　　　　　　　　项目代表：＿＿＿＿＿＿＿＿ 　　　　　　　　　　　　　　　　　　　　　　　日　　期：＿＿＿＿＿＿＿＿

填报说明：

　　本表一式＿＿＿份，由承包单位填报，建设单位、项目监理机构、承包单位各一份。

表 8 – 4 　　　　　　　　方 案 报 审 表

工程名称　　　　　　　　　　　　　　　　　　　　　　　　　编号：

致：　　　　　　　　　　　　　　　　　　项目监理机构 　　现报上　　　　　　　　　　　　　　工程施工方案/安全方案/调试方案/特殊施工技术方案/采购方案/ 工艺方案/事故处理/节能减排/水土保持/环境保护方案，请审查。 附件：   　　　　　　　　　　　　　　　　　　　承包单位（章）： 　　　　　　　　　　　　　　　　　　　项目经理：　　　　　　　 　　　　　　　　　　　　　　　　　　　日　　期：
专业监理工程师审查意见：   　　　　　　　　　　　　　　　　　　　专业监理工程师：　　　　　 　　　　　　　　　　　　　　　　　　　日　　　　期：
总监理工程师审核意见：   　　　　　　　　　　　　　　　　　　　项目监理机构（章）： 　　　　　　　　　　　　　　　　　　　总监理工程师：　　　　　 　　　　　　　　　　　　　　　　　　　日　　　　期：
建设单位审批意见：   　　　　　　　　　　　　　　　　　　　建设单位（章）： 　　　　　　　　　　　　　　　　　　　项目代表：　　　　　　　 　　　　　　　　　　　　　　　　　　　日　　期：

填报说明：

本表一式____份，由承包单位填报，建设单位、项目监理机构、承包单位各一份。特殊施工技术方案由承包单位总工程师批准，并附验算结果。

表 8-5　　　　　　　　　　　　　**分包单位资格报审表**

工程名称　　　　　　　　　　　　　　　　　　　　　　　　　　　　　编号：

致：＿＿＿＿＿＿＿＿＿＿＿＿＿＿＿＿＿＿＿＿＿项目监理机构
经考察，我方认为拟选择的＿＿＿＿＿＿＿＿＿＿＿＿＿＿＿（分包单位）具有承担下列工程的施工资质和施工能力，可以保证本工程项目按承包合同的规定进行施工。分包后，我方仍承担总承包单位的全部责任，请予以审批。 附件：1. 分包单位资质材料 　　　2. 分包单位业绩材料

分包工程名称 （部位）	工程量	拟分包工程合同额	分包工程占全部 工程额的比例
合　计			

承包单位（章）： 　　　　　　　　　　　　　　　　　　　项目经理：＿＿＿＿＿＿＿＿ 　　　　　　　　　　　　　　　　　　　日　　期：＿＿＿＿＿＿＿＿
项目监理机构审查意见：   　　　　　　　　　　　　　　　　　　　项目监理机构（章）： 　　　　　　　　　　　　　　　　　　　总 监 理 工 程 师：＿＿＿＿＿＿ 　　　　　　　　　　　　　　　　　　　专业监理工程师：＿＿＿＿＿＿ 　　　　　　　　　　　　　　　　　　　日　　期：＿＿＿＿＿＿
建设单位审批意见：   　　　　　　　　　　　　　　　　　　　建设单位（章）： 　　　　　　　　　　　　　　　　　　　项目代表：＿＿＿＿＿＿＿＿ 　　　　　　　　　　　　　　　　　　　日　　期：＿＿＿＿＿＿＿＿

填报说明：

1. 本表一式＿＿＿份，由承包单位填报，建设单位、项目监理机构、承包单位各一份。

2. 如无分包工程，则也需承包单位确认。

表 8-6 　　　　　　　　　　　单 位 资 质 报 审 表

（试验检测单位/主要材料、构配件及设备供货商）

工程名称　　　　　　　　　　　　　　　　　　　　　　　　　　编号：

致：_____项目监理机构 　　经我方审查，_____单位可提供工程需要的_____，请予以审批。 附件： 　　□本工程的试验项目及其要求。 　　□试验室的资质证明文件。 　　（资质等级、试验范围、法定计量部门对试验设备出具的计量检定证明） 　　□供货商的资质证明文件。 　　（营业执照、生产许可证、质量管理体系认证书、产品检验报告等）   　　　　　　　　　　　　　　　　　　　　　　承包单位（章）： 　　　　　　　　　　　　　　　　　　　　　　项目经理：_____ 　　　　　　　　　　　　　　　　　　　　　　日　　期：_____
项目监理机构审查意见：   　　　　　　　　　　　　　　　　　　　　　　项目监理机构（章）： 　　　　　　　　　　　　　　　　　　　　　　总 监 理 工 程 师：_____ 　　　　　　　　　　　　　　　　　　　　　　专业监理工程师：_____ 　　　　　　　　　　　　　　　　　　　　　　日　　　　期：_____
建设单位审批意见：   　　　　　　　　　　　　　　　　　　　　　　建设单位（章）： 　　　　　　　　　　　　　　　　　　　　　　项目代表：_____ 　　　　　　　　　　　　　　　　　　　　　　日　　期：_____

填报说明：

本表一式____份，由承包单位填报，建设单位、项目监理机构、承包单位各一份。

表 8－7 人 员 资 质 报 审 表

工程名称 编号：

致：＿＿＿＿＿＿＿＿＿＿＿＿＿＿＿＿＿项目监理机构
　　现报上本项目部主要管理人员/特殊工种/特种作业人员名单及其资格证件，请查验。工程进行中如有调整，将重新统计并上报。
附件：相关资格证件。

　　　　　　　　　　　　　　　　　　　　　　　承包单位（章）：
　　　　　　　　　　　　　　　　　　　　　　　项目经理：＿＿＿＿＿＿＿＿
　　　　　　　　　　　　　　　　　　　　　　　日　　期：＿＿＿＿＿＿＿＿

姓　名	岗位/工种	证件名称	证件编号	发证单位	有效期

项目监理机构审查意见：

　　　　　　　　　　　　　　　　　　　　　　　项目监理机构（章）：
　　　　　　　　　　　　　　　　　　　　　　　专业监理工程师：＿＿＿＿＿＿
　　　　　　　　　　　　　　　　　　　　　　　日　　期：＿＿＿＿＿＿

填报说明：
　　本表一式＿＿＿份，由承包单位填报，建设单位、项目监理机构、承包单位各一份。

表 8−8　　　　　　　　工程控制网测量/线路复测报审表

工程名称　　　　　　　　　　　　　　　　　　　　　　　　　　　　　　编号：

致：_____项目监理机构 　　现报上_____工程控制网测量/线路复测记录，请查验。 附件：_____控制网测量/线路复测记录   　　　　　　　　　　　　　　　　　　　　　　承包单位（章）： 　　　　　　　　　　　　　　　　　　　　　　项目经理：_____ 　　　　　　　　　　　　　　　　　　　　　　日　　期：_____
专业监理工程师审查意见：   　　　　　　　　　　　　　　　　　　　　　　专业监理工程师：_____ 　　　　　　　　　　　　　　　　　　　　　　日　　　　期：_____
总监理工程师审核意见：   　　　　　　　　　　　　　　　　　　　　　　项目监理机构（章）： 　　　　　　　　　　　　　　　　　　　　　　总监理工程师：_____ 　　　　　　　　　　　　　　　　　　　　　　日　　　　期：_____

填报说明：

本表一式____份，由承包单位填报，建设单位、项目监理机构、承包单位各一份。

表 8-9 　　　　　　　主要施工机械/工器具/安全用具报审表

工程名称 　　　　　　　　　　　　　　　　　　　　　　　　　　　编号：

致：_____项目监理机构
　　现报上拟用于本工程的主要施工机械/工器具/安全用具清单及其检验资料，请查验。工程进行中如有调整，将重新统计并上报。

器具名称	编号	检验证编号	检验单位	检定日期/有效期

附件：相关检验证明文件。

承包单位（章）：
项目经理：_____
日　　期：_____

项目监理机构审查意见：

项目监理机构（章）：
专业监理工程师：_____
日　　期：_____

填报说明：

本表一式____份，由承包单位填报，建设单位、项目监理机构、承包单位各一份。

表 8 – 10   **主要测量计量器具/试验设备报审表**

工程名称   编号：

致：_____项目监理机构
    现报上拟用于本工程的主要测量计量器具/试验设备及其检验证明，请查验。工程进行中如有调整，将重新统计并上报。
附件：测量、计量器具检验证明材料。

承包单位（章）：
项目经理：_____
日　　期：_____

器具名称	编号	检验证编号	检验单位	检定日期/有效期

项目监理机构审查意见：

项目监理机构（章）：
专业监理工程师：_____
日　　期：_____

填报说明：

本表一式____份，由承包单位填报，建设单位、项目监理机构、承包单位各一份。

表 8 – 11   质量验收及评定项目划分报审表

工程名称   编号：

致：_____ 项目监理机构 　　现报上_____工程质量验收及评定项目划分表，请审查。 附件：_____工程质量验收及评定项目划分表。   　　　　　　　　　　　　　　　　　　　　　　　承包单位（章）： 　　　　　　　　　　　　　　　　　　　　　　　项目经理：_____ 　　　　　　　　　　　　　　　　　　　　　　　日　　期：_____
项目监理机构审查意见：   　　　　　　　　　　　　　　　　　　　　　　　项目监理机构（章）： 　　　　　　　　　　　　　　　　　　　　　　　总监理工程师：_____ 　　　　　　　　　　　　　　　　　　　　　　　专业监理工程师：_____ 　　　　　　　　　　　　　　　　　　　　　　　日　　　　期：_____
建设单位审批意见：   　　　　　　　　　　　　　　　　　　　　　　　建设单位（章）： 　　　　　　　　　　　　　　　　　　　　　　　项目代表：_____ 　　　　　　　　　　　　　　　　　　　　　　　日　　期：_____

填报说明：

本表一式____份，由承包单位填报，建设单位、项目监理机构、承包单位各一份。

表 8－12 　　　　　　　　　　　**工程材料/构配件/设备报审表**

工程名称 　　　　　　　　　　　　　　　　　　　　　　　　编号：

致：＿＿＿＿＿＿＿＿＿＿＿＿＿＿＿＿＿＿＿项目监理机构 　　我方于＿＿＿＿年＿＿月＿＿日进场的工程材料/构配件/设备数量如下（见附件）。现将质量证明文件及 自检结果报上，拟用于下述部位： ＿＿＿ ＿＿＿ 请审核。 附件：1. 数量清单。 　　　2. 质量证明文件。 　　　3. 自检结果。 　　　4. 复试报告。   　　　　　　　　　　　　　　　　　　　　　　　　　　　　　承包单位（章）： 　　　　　　　　　　　　　　　　　　　　　　　　　　　　　项目经理：＿＿＿＿＿＿＿＿ 　　　　　　　　　　　　　　　　　　　　　　　　　　　　　日　　期：＿＿＿＿＿＿＿＿
项目监理机构审查意见： 　　经检查，上述工程材料/构配件/设备符合/不符合设计文件和规范的要求，准许/不准许进场，同意/不 同意使用于拟定部位。   　　　　　　　　　　　　　　　　　　　　　　　　　　　　　项目监理机构（章）： 　　　　　　　　　　　　　　　　　　　　　　　　　　　　　专业监理工程师：＿＿＿＿＿＿ 　　　　　　　　　　　　　　　　　　　　　　　　　　　　　日　　期：＿＿＿＿＿＿＿

填报说明：
本表一式＿＿＿份，由承包单位填报，建设单位、项目监理机构、承包单位各一份。

表 8–13 主要设备开箱申请表

工程名称   编号：

致： _____项目监理机构
   现计划于_____年___月___日在_____地点对设备进行开箱检查验收，请予以安排。
附件：拟开箱设备清单。
 	
                                   承包单位（章）：
                                   负 责 人：_____
                                   日   期：_____

项目监理机构意见：
 	
                                   项目监理机构（章）：
                                   专业监理工程师：_____
                                   日   期：_____

填报说明：

本表一式____份，由承包单位填报，建设单位、项目监理机构、承包单位各一份。

表 8–14 验 收 申 请 表

工程名称   编号：

致： _____项目监理机构
   我方已完成_____工程（检验批/分项工程/分部工程/单位工程），经三级自检合格，具备验收条件，现报上该工程验收申请表，请予以审查验收。
附件：自检报告。
 	
                                   承包单位（章）：
                                   负 责 人：_____
                                   日   期：_____

项目监理机构审查意见：
 	
                                   项目监理机构（章）：
                                   总 监 理 工 程 师：_____
                                   专业监理工程师：_____
                                   日   期：_____

填报说明：

本表一式____份，由承包单位填报，建设单位、项目监理机构、承包单位各一份。

表 8－15 中间交付验收交接表

工程名称　　　　　　　　　　　　　　　　　　　　　编号：

致：　　　　　　　　　　　　　　项目监理机构 　　我方负责施工的＿＿＿工程现以具备交付＿＿＿＿＿＿条件，请组织查验。 移交承包单位（章）： 负 责 人：＿＿＿＿＿＿ 日　　期：＿＿＿＿＿＿	

接收单位查验意见：

接收单位（章）：
负 责 人：＿＿＿＿＿＿
日　　期：＿＿＿＿＿＿

项目监理机构意见：

项目监理机构（章）：
总 监 理 工 程 师：＿＿＿＿
专业监理工程师：＿＿＿＿
日　　期：＿＿＿＿

填报说明：

本表一式＿＿＿份，由承包单位填报，建设单位、项目监理机构、接收承包单位各一份。

表 8－16　　　　　　　　　**计划/调整计划报审表**

工程名称　　　　　　　　　　　　　　　　　　　　　　编号：

致：＿＿＿＿＿＿＿＿＿＿＿＿＿＿＿＿＿项目监理机构 　现报上＿＿＿＿＿＿＿＿＿＿＿＿工程＿＿＿＿＿＿计划/调整计划，请审核。 附件：＿＿＿＿＿＿＿＿＿＿＿工程计划/调整计划。   　　　　　　　　　　　　　　　　　　　　　承包单位（章）： 　　　　　　　　　　　　　　　　　　　　　项目经理：＿＿＿＿＿＿＿＿＿ 　　　　　　　　　　　　　　　　　　　　　日　　期：＿＿＿＿＿＿＿＿＿
专业监理工程师审查意见：   　　　　　　　　　　　　　　　　　　　　　专业监理工程师：＿＿＿＿＿＿ 　　　　　　　　　　　　　　　　　　　　　日　　　　期：＿＿＿＿＿＿
总监理工程师审核意见：   　　　　　　　　　　　　　　　　　　　　　项目监理机构（章）： 　　　　　　　　　　　　　　　　　　　　　总监理工程师：＿＿＿＿＿＿＿ 　　　　　　　　　　　　　　　　　　　　　日　　期：＿＿＿＿＿＿＿＿
建设单位审批意见：   　　　　　　　　　　　　　　　　　　　　　建设单位（章）： 　　　　　　　　　　　　　　　　　　　　　项目代表：＿＿＿＿＿＿＿＿＿ 　　　　　　　　　　　　　　　　　　　　　日　　期：＿＿＿＿＿＿＿＿

填报说明：

1. 本表适用于施工计划进度、设备采购计划、设备制造计划、施工图交付计划、设备材料供应计划、施工进度计划和调试进度计划及相应调整计划。
2. 本表一式＿＿＿份，由承包单位填报，建设单位、项目监理机构、承包单位各一份。

表 8-17　　　　　　　　费 用 索 赔 申 请 表

工程名称　　　　　　　　　　　　　　　　　　　　　　　　　　　编号：

致：_____项目监理机构 　　根据承包合同条款_____条的规定，由于_____的原因，我方要求索赔金额（大写）_____，请审批。 附件：1. 索赔的详细理由及经过说明。 　　　2. 索赔金额计算书。 　　　3. 证明材料。   　　　　　　　　　　　　　　　　　　　　　承包单位（章）： 　　　　　　　　　　　　　　　　　　　　　项目经理：_____ 　　　　　　　　　　　　　　　　　　　　　日　　期：_____
专业监理工程师审查意见：   　　　　　　　　　　　　　　　　　　　　　专业监理工程师：_____ 　　　　　　　　　　　　　　　　　　　　　日　　　　期：_____
总监理工程师审核意见：   　　　　　　　　　　　　　　　　　　　　　项目监理机构（章）： 　　　　　　　　　　　　　　　　　　　　　总监理工程师：_____ 　　　　　　　　　　　　　　　　　　　　　日　　期：_____
建设单位审批意见：   　　　　　　　　　　　　　　　　　　　　　建设单位（章）： 　　　　　　　　　　　　　　　　　　　　　项目代表：_____ 　　　　　　　　　　　　　　　　　　　　　日　　期：_____

填报说明：

本表一式____份，由承包单位填报，建设单位、项目监理机构、承包单位各一份。

表 8-18 　　　　　　　　　　　　**监理工程师通知回复单**

工程名称　　　　　　　　　　　　　　　　　　　　　　　　　　　　编号：

致：＿＿＿＿＿＿＿＿＿＿＿＿＿＿项目监理机构
我方接到编号为＿＿＿＿＿＿＿＿＿＿＿＿的监理工程师通知后，已按要求完成了＿＿＿＿＿工作，现报上，请予以复查。 详细内容： 附件：回复材料。 　　　　　　　　　　　　　　　　　　　　承包单位（章）： 　　　　　　　　　　　　　　　　　　　　项目经理：＿＿＿＿＿＿＿ 　　　　　　　　　　　　　　　　　　　　日　　期：＿＿＿＿＿＿＿
项目监理机构复查意见： 　　　　　　　　　　　　　　　　　　　　项目监理机构（章）： 　　　　　　　　　　　　　　　　　　　　专业监理工程师：＿＿＿＿＿ 　　　　　　　　　　　　　　　　　　　　日　　期：＿＿＿＿＿＿

填报说明：

　　本表一式＿＿＿份，由承包单位填报，建设单位、项目监理机构、承包单位各一份。

表 8-19 　　　　　　　　　　**工 程 款 支 付 申 请 表**

工程名称　　　　　　　　　　　　　　　　　　　　　　　　　　　　编号：

致：＿＿＿＿＿＿＿＿＿＿＿＿＿＿项目监理机构
我方于＿＿年＿月＿日～＿＿年＿月＿日共完成合同价款＿＿＿＿元，按合同规定扣除＿＿＿%预付款和＿＿＿%质量保证金，特申请支付进度款＿＿＿＿元，请审核。 附件：工程量清单及计算。 　　　　　　　　　　　　　　　　　　　承包单位（章）： 　　　　　　　　　　　　　　　　　　　项目经理：＿＿＿＿＿＿＿ 　　　　　　　　　　　　　　　　　　　日　　期：＿＿＿＿＿＿＿
专业监理工程师审查意见： 　　　　　　　　　　　　　　　　　　　专业监理工程师：＿＿＿＿＿ 　　　　　　　　　　　　　　　　　　　日　　期：＿＿＿＿＿
总监理工程师审核意见： 　　　　　　　　　　　　　　　　　　　项目监理机构（章）： 　　　　　　　　　　　　　　　　　　　总监理工程师：＿＿＿＿＿ 　　　　　　　　　　　　　　　　　　　日　　期：＿＿＿＿＿
建设单位审批意见： 　　　　　　　　　　　　　　　　　　　建设单位（章）： 　　　　　　　　　　　　　　　　　　　项目代表：＿＿＿＿＿ 　　　　　　　　　　　　　　　　　　　日　　期：＿＿＿＿＿

填报说明：

　　本表一式＿＿＿份，由承包单位填报，建设单位、项目监理机构、承包单位各一份。

表 8 – 20   工 期 变 更 报 审 表

工程名称   编号：

致：_____项目监理机构

    我方承担_____工程施工任务，根据合同规定应于_____年___月___日竣工，由于_____原因，现申请工期变更至_____年__月___日竣工，请审批。

附件：说明材料。

承包单位（章）：

项目经理：_____

日   期：_____

项目监理机构审查意见：

项目监理机构（章）：

总监理工程师：_____

日   期：_____

建设单位审批意见：

建设单位（章）：

项目代表：_____

日   期：_____

填报说明：

本表一式____份，由承包单位填报，建设单位、项目监理机构、承包单位各一份。

表 8-21   设备/材料/构配件缺陷通知单

工程名称   编号：

致：_____项目监理机构 　　在_____过程中，发现_____设备/材料/构配件存在质量缺陷， 请协调处理。 附件：_____设备/材料/构配件缺陷证明材料。   　　　　　　　　　　　　　　　承包单位（章）： 　　　　　　　　　　　　　　　项目经理：_____ 　　　　　　　　　　　　　　　日　　期：_____
项目监理机构审查意见：   　　　　　　　　　　　　　　　项目监理机构（章）： 　　　　　　　　　　　　　　　专业监理工程师：_____ 　　　　　　　　　　　　　　　日　　期：_____
设备/材料/构配件供货单位处理意见：   　　　　　　　　　　　　　　　设备/材料/构配件供货单位（章）： 　　　　　　　　　　　　　　　代　　表：_____ 　　　　　　　　　　　　　　　日　　期：_____
建设单位审批意见：   　　　　　　　　　　　　　　　建设单位（章）： 　　　　　　　　　　　　　　　项目代表：_____ 　　　　　　　　　　　　　　　日　　期：_____

填报说明：

本表一式____份，由承包单位填报，建设单位、设备/材料/构配件供货单位、项目监理机构、承包单位各一份。

表 8－22　　　　　　　　　　设备/材料/构配件缺陷处理报验表

工程名称　　　　　　　　　　　　　　　　　　　　　　　　　　　编号：

致：＿＿＿＿＿＿＿＿＿＿＿＿＿＿＿＿＿＿项目监理机构
现报上第＿＿＿＿号设备/材料/构配件缺陷通知单中所述设备/材料/构配件存在质量缺陷的处理情况报告，请审查。 附件：设备/材料/构配件缺陷修复后证明材料。 设备/材料/构配件供货单位：　　　　　　　　　　　　承包单位（章）： 　　代　　　表：＿＿＿＿＿＿＿＿＿　　　　　　　项目经理：＿＿＿＿＿＿＿＿ 　　日　　　期：＿＿＿＿＿＿＿＿＿　　　　　　　日　　期：＿＿＿＿＿＿＿＿
项目监理机构审查意见：   　　　　　　　　　　　　　　　　　　　　　　　　项目监理机构（章）： 　　　　　　　　　　　　　　　　　　　　　　　　总 监 理 工 程 师：＿＿＿＿＿＿＿ 　　　　　　　　　　　　　　　　　　　　　　　　专业监理工程师：＿＿＿＿＿＿ 　　　　　　　　　　　　　　　　　　　　　　　　日　　　　期：＿＿＿＿＿＿＿
建设单位审批意见：   　　　　　　　　　　　　　　　　　　　　　　　　建设单位（章）： 　　　　　　　　　　　　　　　　　　　　　　　　项目代表：＿＿＿＿＿＿＿＿ 　　　　　　　　　　　　　　　　　　　　　　　　日　　期：＿＿＿＿＿＿＿＿

填报说明：
　　本表一式＿＿＿份，由承包单位填报，建设单位、设备/材料/构配件供货单位、项目监理机构、承包单位各一份。

表 8－23　　　　　　　　　　工 程 竣 工 报 验 表

工程名称　　　　　　　　　　　　　　　　　　　　　　　　　　　编号：

致：＿＿＿＿＿＿＿＿＿＿＿＿＿＿＿＿＿＿项目监理机构
我方已按承包合同要求完成了＿＿＿＿＿＿工程，经三级自检合格，请予以检查和验收。 附件：证明材料。 　　　　　　　　　　　　　　　　　　　　　　　　承包单位（章）： 　　　　　　　　　　　　　　　　　　　　　　　　项目经理：＿＿＿＿＿＿＿＿ 　　　　　　　　　　　　　　　　　　　　　　　　日　　期：＿＿＿＿＿＿＿＿
审查意见： 　　经初步验收，该工程： 　　1. 符合/不符合我国现行法律、法规要求。 　　2. 符合/不符合我国现行工程建设标准。 　　3. 符合/不符合设计文件要求。 　　4. 符合/不符合承包合同要求。 　　5. 符合/不符合档案归档要求。 　　综上所述，该工程初步验收合格/不合格，可以/不可以组织正式验收。 　　　　　　　　　　　　　　　　　　　　　　　　项目监理机构（章）： 　　　　　　　　　　　　　　　　　　　　　　　　总 监 理 工 程 师：＿＿＿＿＿＿＿ 　　　　　　　　　　　　　　　　　　　　　　　　日　　　　期：＿＿＿＿＿＿＿

填报说明：
　　本表一式＿＿＿份，由承包单位填报，建设单位、项目监理机构、承包单位各一份。

表 8－24 　　　　　　　　　监 理 工 作 联 系 单

工程名称　　　　　　　　　　　　　　　　　　　　　　　编号：

致：＿＿＿＿＿＿＿＿＿＿＿＿＿＿＿＿（单位）

主题：

内容：

　　　　　　　　　　　　　　　　　　　项目监理机构（章）：
　　　　　　　　　　　　　　　　　　　总监理工程师/专业监理工程师：＿＿＿＿＿
　　　　　　　　　　　　　　　　　　　日　　　　　　期：＿＿＿＿＿

填报说明：

本表一式＿＿＿份，由项目监理机构填写，抄送相关单位。

表 8－25 　　　　　　　　　监 理 工 程 师 通 知 单

工程名称　　　　　　　　　　　　　　　　　　　　　　　编号：

致：＿＿＿＿＿＿＿＿＿＿＿＿＿＿＿＿（单位）

主题：

内容：

限＿＿＿＿工作日内回复。

　　　　　　　　　　　　　　　　　　　项目监理机构（章）：
　　　　　　　　　　　　　　　　　　　总监理工程师/专业监理工程师：＿＿＿＿＿
　　　　　　　　　　　　　　　　　　　日　　　　　　期：＿＿＿＿＿

填报说明：

本表一式＿＿＿份，由项目监理机构填写，抄送相关单位。

表 8-26   工 程 暂 停 令

工程名称   编号：

致：_____（承包单位） 　　由于_____原因，现通知你方必须于____年___月___日___时起，对本工程的_____部位（工序）实施暂停施工，并按下述要求做好各项工作：   　　　　　　　　　　　　　　　项目监理机构（章）： 　　　　　　　　　　　　　　　总监理工程师：_____ 　　　　　　　　　　　　　　　日　　　期：_____
建设单位意见：   　　　　　　　　　　　　　　　建设单位（章）： 　　　　　　　　　　　　　　　项目代表：_____ 　　　　　　　　　　　　　　　日　　期：_____
承包单位签收：   　　　　　　　　　　　　　　　承包单位（章）： 　　　　　　　　　　　　　　　项目经理：_____ 　　　　　　　　　　　　　　　日　　期：_____

填报说明：

本表一式____份，由项目监理机构填写，建设单位、项目监理机构和承包单位各一份。

表 8-27   设计文件图纸评审意见及回复单

工程名称   编号：

工程名称		专业	
文件名称		卷册号	第　卷第　册
文件类别	科研□　初步设计□　司令图设计□　施工图□　标书□　其他□		
设计单位			
评审意见			回复意见
评审人		日期	回复人	
审核人		日期	日　期	

填报说明：

1. 本表设计文件图纸评审意见，由项目监理机构填写。

2. 本表回复意见由设计单位填写。凡需做出设计修改，由设计单位另出设计变更通知单。

3. 本表一式____份，建设单位、项目监理机构、设计单位各一份。

表 8-28　　　　　　　　　旁 站 监 理 记 录 表

工程名称　　　　　　　　　　　　　　　　　　　　　　　　　　编号：

日期及气候：	施工地点：
旁站监理的部位或工序：	
旁站监理开始时间：	旁站监理结束时间：
施工情况：	
监理情况：	
发现问题：	
处理意见：	
备注（包括处理结果）：	
承包单位：＿＿＿＿＿＿＿＿ 质 检 员：＿＿＿＿＿＿＿ 日　期：　　年　月　日	项目监理机构：＿＿＿＿＿＿＿ 旁站监理人员：＿＿＿＿＿＿ 日　期：　　年　月　日

填报说明：

本表由项目监理机构填写，项目监理机构存＿＿＿＿＿＿份。

表 8-29　　　　　　　　　图纸交付计划报审表

工程名称　　　　　　　　　　　　　　　　　　　　　　　　　　编号：

致：＿＿＿＿＿＿＿＿＿＿＿＿＿＿＿＿＿项目监理机构 　　　现报上＿＿＿＿＿＿＿＿＿＿＿＿＿工程设计计划/图纸交付进度计划，请审查。 附件：设计计划/图纸交付进度计划。 　　　　　　　　　　　　　　　　　　设计单位（章）： 　　　　　　　　　　　　　　　　　　设计总工程师：＿＿＿＿＿＿ 　　　　　　　　　　　　　　　　　　日　　期：＿＿＿＿＿＿＿
项目监理机构审查意见：   　　　　　　　　　　　　　　　　　　项目监理机构（章）： 　　　　　　　　　　　　　　　　　　总监理工程师：＿＿＿＿＿＿ 　　　　　　　　　　　　　　　　　　日　　期：＿＿＿＿＿＿＿

填报说明：

本表一式＿＿＿＿份，由设计单位填报，建设单位、项目监理机构、设计单位和承包单位各一份。

表 8-30   设 计 文 件 报 检 表

工程名称   编号：

致：_____项目监理机构
    现报上_____工程_____设计文件，请会检。
附件：

设计单位（章）：
设计总工程师：_____
日　　　期：_____

项目监理机构审查意见：

项目监理机构（章）：
总监理工程师：_____
日　　　期：_____

填报说明：
  本表一式____份，由设计单位填报，建设单位、项目监理机构、设计单位和承包单位各一份。

表 8-31   设计变更通知单报检表

工程名称   编号：

致：_____项目监理机构
    现报上_____工程设计变更通知单，请会检。
附件：

设计单位（章）：
设计总工程师：_____
日　　　期：_____

项目监理机构审查意见：

项目监理机构（章）：
总监理工程师：_____
专业监理工程师：_____
日　　　期：_____

填报说明：
  本表一式____份，由设计单位填报，建设单位、项目监理机构、设计单位和承包单位各一份。

141

表 8－32   工 程 联 系 单

工程名称   编号：

致： 　　主题：   　　内容：   　　　　　　　　　　　　　　　　　承包单位（章）： 　　　　　　　　　　　　　　　　　项目经理：＿＿＿＿＿＿ 　　　　　　　　　　　　　　　　　日　　期：＿＿＿＿＿＿

填报说明：

本表一式＿＿＿份，由承包单位填写，抄送相关单位。

表 8－33   工 程 变 更 申 请 单

工程名称   编号：

致：＿＿＿＿＿＿＿＿＿＿＿＿＿＿＿＿＿＿项目监理机构 　　由于＿＿＿＿＿＿＿＿＿＿＿＿＿＿原因，兹申请工程变更（内容见附件），请予以审批。 附件：变更详细说明（包括费用计算）。 　　　　　　　　　　　　　　　　　提出单位（章）： 　　　　　　　　　　　　　　　　　负 责 人：＿＿＿＿＿＿ 　　　　　　　　　　　　　　　　　日　　期：＿＿＿＿＿＿
项目监理机构意见： 　　　　　　　　　　　　　　　　　项目监理机构（章）： 　　　　　　　　　　　　　　　　　总 监 理 工 程 师：＿＿＿＿＿ 　　　　　　　　　　　　　　　　　专业监理工程师：＿＿＿＿＿ 　　　　　　　　　　　　　　　　　日　　期：＿＿＿＿＿
设计单位意见（或另附变更通知单、处理方案）： 　　　　　　　　　　　　　　　　　设计项目部（章）： 　　　　　　　　　　　　　　　　　设计代表：＿＿＿＿＿＿ 　　　　　　　　　　　　　　　　　日　　期：＿＿＿＿＿＿
建设单位意见： 　　　　　　　　　　　　　　　　　建设单位（章）： 　　　　　　　　　　　　　　　　　项目代表：＿＿＿＿＿＿ 　　　　　　　　　　　　　　　　　日　　期：＿＿＿＿＿＿

填报说明：

工程变更提出单位应附详细说明，涉及费用变更时，应附费用变更计算。项目监理机构审查确有必要变更，签署监理意见，设计单位出具设计意见后，报建设单位审查。建设单位同意后，由设计单位出具变更通知单，经项目监理机构组织会检后，承包单位实施。

第二节　质量监督检查记录

国务院于 1983 年制定了《关于建筑业和基本建设管理体制若干问题的暂行规定》，规定改革工程质量监督办法，实行政府监督。质量监督部门代表政府根据有关法规和技术标准对本地区（本行业）的工程质量进行宏观监督和检查，重点在工程结构和建筑安装工程的功能上。

建筑安装工程质量的优劣，是直接关系着国家财产和人民生命安全的大事，因此，要切实贯彻"百年大计，质量第一"的方针，必须严格管理和监督，搞好工程质量。一方面要依靠勘察、设计、施工、建材和设备生产企事业单位的领导和广大职工，按有关法规和技术标准、规程实行全过程的质量控制，加强企事业单位本身的质量保证体系；另一方面必须强化政府对工程质量的监督工作，以便达到挤水分、上水平、达标准的目的。这两个方面是相辅相成的，企事业单位本身重点是控制微观质量，而政府质量监督部门控制宏观质量，两者缺一不可。

2000 年 1 月 30 日发布的国务院第 279 号令《建筑工程质量管理条例》明确规定了对建筑安装工程必须实施质量监督，经政府质量监督检验机构核验不能保证结构安全和基本使用功能的工程不准交付使用。

为加强对电力工程的质量监督工作，国家能源局发布了《国家能源局关于印发进一步加强电力建设工程质量监督管理工作意见的通知》（国能发安全〔2018〕21 号）。国家能源局依法依规对全国电力建设工程质量实施统一监督管理。贯彻执行国家关于电力建设工程质量监督管理的法律法规和方针政策，不断完善电力建设工程质量监督管理规章制度和标准规范体系，组织、指导和协调全国电力建设工程质量监督管理工作，组织开展全国电力建设工程质量监督管理巡查督查和专项检查，监督指导地方政府电力管理等有关部门和各派出能源监管机构的电力建设工程质量监督管理工作。

一、电力建设工程质量监督的做法

1. 质量监督工作分级实施，分口管理

（1）接入公用电网的全国电力建设工程，包括各类投资方式的新建、扩建、改建的风电、水电、新能源等发电工程和输变电建设工程项目及其配套、辅助和附属工程，均需要接受电力建设工程质量监督机构的质量监督。未通过电力建设工程质量监督机构监督检查的电力建设工程，不得接入公用电网运行。

（2）根据规则需要，电力建设工程质量监督站、电力建设工程质量监督中心站可设立项目工程质量监督站。

电力建设工程质量监督中心站按照质量监督工作计划，应依据《电力建设工程质量监督检查大纲》等，及时对新能源建设工程各责任主体的质量行为和工程实体质量进行监督检查。监督检查以阶段性检查为主，并结合不定期的巡检和重点抽查的方式进行。对发现的问题出具整改通知书，对工程竣工验收进行监督，并编制工程质量监督检查报告，签署《工程质量监督检查结论签证书》。

工程质量监督站应根据工程进度，按照质量监督工作计划和《电力建设工程质量监督大纲》及时组织监督检查，参与对工程竣工验收的监督。

2. 工程质量监督申报和受理

工程开工前，电力建设工程项目法人（建设单位）必须按规定向工程所在地区（省、自治区、直辖市）电力建设工程质量监督机构申办工程质量监督手续，并按规定缴纳监督费。

二、质量监督检验报告的编制

（一）质量监督检查的项目

1. 质量监督中心站监督检查的阶段与项目

（1）风电场首次及土建工程质量监督检查。

（2）风电场升压站受电前及首批风机并网前工程质量监督检查。

（3）风电场整套启动试运前质量监督检查。

2. 工程质量监督站监督检查

工程质量监督站应根据工程进度，按照质量监督工作计划和《电力建设工程质量监督典型大纲》及时组织监督检查，并编制监督检查报告。

（二）质量监督检查报告的编制

质量监督检查组一般分为若干小组进行，在质量监督检查结束后，各个小组分别写出本小组的质量监督检查报告，然后由质量监督检查组组长编写出本次质量监督检查的总报告。

质量监督检查报告格式如下：

××阶段
质量监督检查报告

工程项目_____

工程规模_____MW

监检机构_____

（盖章）

年　　月　　日

一、监检简况： 二、工程概况：					
承建方式 工程规模					
主要单位	项目法人				
	监理单位				
	设计单位				
	土建单位				
	安装单位				
	调试单位				
	生产单位				
主设备	风机型号				
	风机特征				
	制造厂家		出厂日期	年　月　日	
主要形象进度					

续表

三、综合评价：

四、××前必须完成的整改项目：

五、××后应完成的整改项目及建议：

六、结论：

监检负责人（签名）　　　　　　　　　　　　　　　　　　年　月　日

七、监检组成员名单：

序号	姓　名	单　位	职　称	专　业	签　字
1					
2					
3					
4					
5					

第九章 竣工图与工程总结

第一节 竣 工 图 的 编 制

竣工图是建筑安装工程竣工档案中最重要的部分，是工程建设完成后的主要凭证性材料，是工程真实的写照；是工程竣工验收的必备条件及工程维修、管理改造、扩建的依据。

一、竣工图的内容

风电工程的竣工图必须以原设计图为主要依据，其主要内容应包括以下几个方面：

（1）工程总体布置图，平面位置图的轴线坐标，地形标高。

（2）在工程建设用地范围内的各种地下管线综合平面图。其中应有平面坐标、标高、走向、断面、管线衔接，以及复杂交叉处的剖面图（并应按地下管线测绘要求标定必要的测点）。

（3）凡竣工图与原设计不同的部位必须注明设计变更依据（包括变更单编号）。

二、竣工图的类型

竣工图一般分为三类：

（1）利用施工蓝图改绘的竣工图；

（2）在二底图上修改的竣工图；

（3）重新绘制的竣工图。

三、竣工图的绘制与审核

竣工图应具有明显的"竣工图"字样章，如设计院编制竣工图时，竣工图章格式见图 9-1，如果施工单位编制竣工图时，竣工图章格式见图 9-2，它是竣工图的依据。

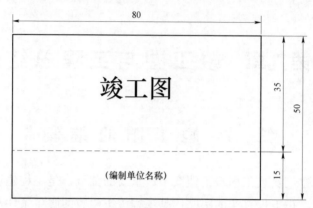

图 9-1　竣工图章式样（单位：mm）

图 9-2　竣工图章式样（单位：mm）

（1）凡在施工中无变化的新图，应在新的原施工图上加盖竣工图标志，同时在标题栏上方加盖竣工图章后，可以作为竣工图。

（2）在施工蓝图上改绘。

1）改绘的原则：

凡工程现状与施工图不符的内容，全部按照工程竣工现状准确地在蓝图上予以修正，即工程图纸会检中提出的修改意见、工程洽商或设计变更上的修改内容，都应如实地改绘在蓝图上。

2）改绘要求：① 设计变更单或洽商单记录的内容必须如实反映到施工图上，如果在图上无法反映，则必须在图中的相应部分进行文字说明，注明有关设计变更单或洽商单的编号，并附该设计变更单或洽商单的复印件。② 无较大变更的将修改内容如实地改绘在蓝图上，修改部位用线条标明，并注名×年×月×日设计变更单或洽商单第×条。修改的附图或文字均不得超过原设计图的图框。

凡结构形式变化、工艺变化、平面布置变化、项目变化及其他重大变化，或在一张图纸上改动部分超过 40%以及修改后图面混乱、分辨不清的个别图纸应重新绘制。

用蓝图改绘的竣工图应将"竣工图"章盖在原图签右上方，如果此处有内容时，可在原图签附近空白处加盖。对于重新绘制的竣工图应绘制竣工图签，图签位置应在图纸右下角。

（3）在二底图上修改。

在二底图上及时修改变更的内容，应做到与工程施工同步进行。要求在图纸上作修改备考表（见表 9-1），修改内容应与变更的内容相对照，做到不看设计变更单或洽商单原件就知道修改的部位和基本内容。要求图面整洁、字迹清晰。

表 9-1　　　　　　　　　　　　　备　考　表

设计变更单或洽商单编号	修改日期	修 改 内 容	修改人	备注

修改部位用语言描述不清楚时，可用细实线在图上画出修改范围。如果二底图修改次数较多，个别图面出现模糊不清等技术问题时，必须进行技术处理或重新进行绘制。

用二底图修改的竣工图，应将竣工图章盖在原图签右上方。没有改动的二底图转作竣工图也应加盖竣工图章。

原施工图的封面、图纸目录应加盖竣工图章，作为竣工图归档，并放在各专业图纸之前。但重新绘制的竣工图的封面、图纸目录，可以不绘制竣工图签。

编制竣工图必须采用不褪色的黑色墨水绘制，文字材料不得用红色墨水、复写纸、一般圆珠笔和铅笔等。文字应采用仿宋字体，大小应协调，禁止错、别、草字。划线应使用绘图工具，不得徒手绘制。重新绘制的竣工图用纸张，应与原设计图纸 的纸张颜色接近，不要反差太大。原设计图上的内容不许用刀刮或补贴，做到无污染、涂抹和覆盖。

竣工图图面应整洁，文字材料字迹应工整清楚、完整无缺，内容清晰。

（4）设计单位编制竣工图时，竣工图的编制可参照《电力工程竣工图文件编制规定》（DL/T 5229—2016）中"竣工图编制要求"执行，施工、调试单位要予以配合，提供齐全的设计变更单和施工现场的实际情况，确保竣工图与工程实际相符。

（5）设备供应商的竣工图由设备供应商编制，编制要求应在供货合同中予以明确。

竣工图编制完成后，应对竣工图的内容是否与"设计变更通知单""工程联系单"和设计更改的有关文件，以及施工验收记录、调试记录等相符合进行审核。

竣工图的审核由竣工图编制单位负责，由设计人（修改人）编制完成后，经校核人校核和批准人审定后在图标上签署。

第二节　工程总结的编制

一、编写工程技术总结的目的

作为风电场建设工程的施工企业，在完成工程施工的任务后，组织编写工程技术总结，其目的是：

（1）总结经验，不断提高，推动本企业占领更多的风电建设市场，壮大自身企业发展。

（2）推广经验，以利国内外风电建设者互相借鉴，推动施工技术的发展。

（3）展示风电的优越性，让世人重视，促进风电大发展。

二、工程技术总结的分类及内容

（一）专题总结

1. 施工技术部分

（1）施工平面布置及大件组装和运输。

（2）建筑专业施工技术总结。

（3）风电机组安装施工技术总结。

（4）电气专业施工技术总结。

2．工程管理部分

（1）质量管理体系。

（2）技术管理。

（3）质量管理。

（4）计划管理。

（5）安全管理。

（6）检测及试验管理。

（7）施工机械管理。

（8）材料与设备管理。

（9）文件资料管理。

专题总结应在施工企业项目部总工程师领导下，由负责施工的各专责、专职工程师，在项目完成后进行。

（二）全工程总结

全工程总结是在本期风电场工程最后一台风电机移交后，由建设单位组织、施工单位参与进行的，总结工作应指定专人负责。全工程总结是风电场建设全过程、全部经验和工程成效的浓缩文件，是风电场建设的重要成果，具有重要的经验借鉴价值。

全工程总结的编制，一般应包括以下内容：

1．风电场的建设情况

（1）工程概况、规模、主设备及各系统管理，着重说明其特点。

（2）建设、设计、施工、生产准备各单位情况，承担任务的范围、机构设置、人员和现场情况等。

（3）工程建设过程的主要进度，进点、前期准备、开工日期，各台机组投产时间，建设进度，总工期，合同计划提前或拖后的原因。

（4）各台机组投产后安全运行情况，各项技术经济指标是否达到设计要求。

（5）对项目的经济和财务评价：装机容量、总投资、单位千瓦造价、年发电量、上网电量、上网电价，单位千瓦时投资成本、投资利润率、投资回报期等主要评价指标，社会效益情况等。

（6）环境效益评估：（和风电厂相比较）每年减排烟尘、灰渣、氮氧化物、二氧化硫、二氧化碳数量（万吨），每年节约标准煤数量（万吨），环境效益（元）。

（7）对风电场建设的总评价。

2. 风电场建设过程中采取的主要措施及经验教训

风电场建设中，从施工组织上、技术上、管理方面采取哪些主要措施，有何经验教训、改进意见和建议。

（1）采用了哪些新设备、新材料、新工艺、新技术及经济效果。

（2）做好施工前期准备工作的措施和做法。

（3）做好质量、安全管理采取的措施和经验教训。

（4）加强经济核算、降低成本的措施 及经验教训。

（5）做好施工计划和综合平衡的措施及经验教训。

3. 风电机组、集电系统、升压站等建筑安装工程各项指标统计

（1）风电机组、集电系统、升压站等单位工程的主要工作量、劳力安排及劳动生产率，如土方（挖填）、混凝土、钢筋、模板、结构吊装件数及质量，场区道路、设备总量、加工配制总重、电缆长度等。根据风电机组、集电系统、升压站等建筑安装工程量和耗工量计算得出劳动生产率。

（2）建设过程的主要进度

1）前期即可行性研究：项目建议书的提出和批准时间，项目法人公司成立时间及批准开工建设日期。

2）施工准备：施工组织设计提出和批准时间，征地批准日期，场地平整起始时间，场区道路开始施工和交付使用时间，生产、生活临建项目，开工和交付使用时间。

3）施工阶段：风电机组基础开始挖土、浇灌混凝土、塔筒开始吊装时间，升压站、中控楼等土建工程开工、交付安装时间，升压站各电气设备开始开工及完工日期。各单台风电机组投入运行时间。

4）工程启动试运验收：各单台机组启动调试试运验收完成日期，工程最后一台机组启动调试试运验收完成日期，试验验收意见和对工程的总体评价。

5）工程移交生产验收完成日期，工程移交生产验收交接书签证日期。

6）工程竣工验收：对工程的总体评价，工程竣工验收鉴定书签字日期。

（3）施工过程中的工程质量情况。各单位工程质量验收情况和工程评价。

（4）工程中重大质量及事故情况。

（5）施工安全情况，人员安全和机械设备事故情况。

（6）耗用材料情况：其中主要材料耗用量，各种钢材、钢筋耗用量。

（7）施工机械：主要施工机械配备、名称、数量、机械设备水平［（元/人，kW/人（全员、工人）］，机械化施工水平、效率分析。

（8）施工占地：土建安装总占地面积、利用系数，纯属施工所需的征、租地面积（其中施工部分、生活部分），退还用地情况，各类场地，堆积面积。

（9）施工用电、水、氧气、乙炔气、氩气、压缩空气等：设施及设备，实际高峰使用量、总用量。

（10）根据本单位情况急需进行技术培训的项目及具体要求。

4. 机组启动试运中的相关情况

设计、设备、施工质量在启动试运中暴露的主要问题、解决方法及建议。

5. 工程照相

包括工程建设过程中主要项目、施工概况、各单位工程竣工后全貌及签证、验收、交接等照片。

附录 某风电工程主要施工方案

一、建筑施工方案

（一）工程概况及施工范围

1. 工程概况

（1）风力发电场：

某 40.5MW 风力发电场布置了 27 台×1.5MW 风力发电机组和一座 110kV 变电站。每台风机旁边设一台箱式变压器，各风机之间的交通联系采用简易公路相连接。

（2）110kV 变电站：

110kV 变电站为正南、正北方向布置，大门向北开（可根据施工图纸为准），进站公路与三级路相接，进站道路长约 100m。110kV 变电站围墙内占地 3250m²。生产综合楼布置在升压站南侧、主变压器布置在生产综合楼北侧与生产综合楼毗邻布置，材料库在变压站西北角、水泵房布置在变压站西侧。整个变压站平面布置，紧凑合理，占地少，道路围绕主变压器与生产综合楼呈环形布置，交通顺畅。

2. 施工范围

风场部分：27 座 1500kW 风力发电机基础、27 座箱式变压器基础。

110kV 升压站、生产综合楼、35kV 配电装置室、110kV 屋外配电装置、材料库、水泵房和厂区道路及围墙建筑施工。

（二）施工总体组织

根据本工程的特点和总进度要求，结合当地自然条件和各建（构）筑物选型，土建工程施工工期较短。为加快施工进度，建筑工程采用分区域的施工组织方式，主要分为风场施工区和升压站施工区域，两区域同时开工，两区域总体施工采用流水作业法。

主要特点：风场内施工线路较长，点多、面广、较分散，工程量大，风机基础施工工期较紧。

根据本工程特点，施工难点主要是风场内风机基础，基础多、平面位置较分散，混凝土工程量较大，共 27 个基础，每个基础约 350m³。为保证工程总体施工工期要求，风机及箱式变压器基础施工组织 2 个钢筋、模板专业施工组，其他各设一个专业施工组，均采用流水施工作业法。

建筑物采用先地下后地上，先主体后装修，先室内后室外，先顶棚后墙面的程序施工。

（三）总体施工方案

1. 主要施工机械布置方案

本工程土建基础混凝土工程量较大，施工工期短，为保证工程各关键里程碑的按时完成，拟在本工程建筑工程施工中配备如下主要机械设备：

（1）吊装机械

吊装工程主要是风机基础环、110kV 屋外架构、设备支架及避雷针的吊装，吊装机械采用 50t 和 25t 汽车吊。110kV 升压站、生产综合楼为框架结构，施工上料采用人工与吊车上料相结合的方式。

（2）混凝土施工机械布置

根据招标文件及现场情况，现场无施工水源，需从附近村庄拉自来水，不能满足混凝土搅拌用水的需求，故混凝土供应采用商品混凝土，搅拌车运输，施工现场设混凝土泵车一台，采用泵车布料与吊车上料相结合的施工方式。

（3）钢筋制作场的机械布置

钢筋制作场内主要布置钢筋碰焊机、调直机、切断机、弯曲机、套丝机等钢筋加工机械。

（4）混凝土供应配置

本工程混凝土工程量较大，为保证混凝土供应，采用商品混凝土，另在 110kV 升压站内配一台 HZS50 搅拌机，供应零星混凝土，同时作为施工备用。

为满足混凝土施工连续浇筑的要求，施工现场浇筑配备混凝土输送泵车一辆，充分满足混凝土浇筑的要求，并可根据施工量调整泵车数量，以满足施工要求。站内小方量混凝土采用方车人工布料。

2. 风机及箱式变压器基础施工

风机施工工艺流程见图 1。

图 1　风机施工工艺流程

3. 生产综合楼及 110kV 升压站施工

建筑物采用先地下后地上，先主体后装修，先室内后室外，先顶棚后墙面的程序施工。钢筋加工在升压站内钢筋制作场统一加工制作。外墙塔设单排钢管扣件脚手架，室内装饰工程施工采用工具式脚手架。

4. 水泵房施工

水泵房施工先施工地下水池部分，再施工上部结构，最后进行建筑安装及装饰装修工程施工。

地下水池施工采用组合钢模板，设防水对拉螺栓，钢管支撑系统。混凝土施工采用泵车或方车人工布料。上部结构施工外墙搭设单排钢管扣件脚手架，室内装饰工程施工采用工具式脚手架。

5. 屋外配电装置建筑施工

（1）架构及设备基础设计为钢筋混凝土杯形基础，施工采用组合钢模板，杯口采用木模板；钢筋用量较少，采用绑扎搭接，搭接长度必须符合 GB 50204—2015《混凝土结构工程施工质量验收规范》要求。混凝土施工采用翻斗车或泵车布料。主变基础施工同架构基础施工，预埋螺栓孔模板采用木模，二次灌浆严格按照设计及规范要求执行。

（2）油坑、事故油池施工

施工顺序：垫层→底板→板墙及顶板

外部搭设双排脚手架，坑池内搭设满堂脚手架施工。采用在基坑底部设阴沟及集水井排水，必要时可采用井点降水。基坑采用机械大开挖。施工时防水混凝土的施工应按设计及国家有关规范规定严格执行。

坑池底板按要求不留施工缝，浇筑完后将底板表面用木抹子压实搓毛。板墙水平施工缝留在高出底板表面 300mm 以上的墙体上，墙体施工缝处设止水槽。墙体孔洞施工缝距孔洞边缘不少于 300mm。坑池墙体模板加固如采用对拉螺旋，则应采用防水性对拉螺旋。

为避免混凝土的收缩裂纹，在混凝土中添加微膨胀剂。墙板施工前将施工缝混凝土表面凿毛，清理杂物，下次混凝土施工前冲洗干净并湿润一昼夜，浇灌时先铺一层 5cm 厚左右的与混凝土同标号的水泥砂浆。浇筑第一步高度为 40cm，以后每步浇筑 50~60cm。混凝土自由落差不超过 2m，超过 2m 时，用串筒、溜槽下落。

混凝土初凝后及时进行混凝土的养护，养护时间不少于 14 昼夜。

（3）电缆沟施工

电缆沟施工采取常规施工方法，施工工艺流程：垫底→底板→沟壁→盖板安装。

模板采用组合钢模板或竹木胶合板，混凝土在现场就近采用搅拌机搅拌，方车运输，人工布料。施工缝处需设橡胶止水带，沟底按照设计要求，坡度正确，设置积水坑。

（4）架构及设备支架吊装

吊装前，先在基础杯口上和杯口内画好中心线与标高控制线，110kV 架构人字柱、主变架构及钢梁采用现场拼装，与设备支架等均采用 25t 汽车吊吊装就位，采用木楔子固定，经纬仪找正，验收合格后按照设计要求进行二次灌浆。

主要施工顺序见图 2。

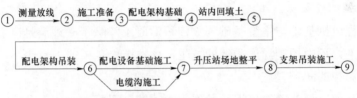

图 2　架构及设备支架吊装主要施工顺序

6. 站内道路及场平

具体施工工艺流程：定位放线→土方开挖→路基压实→基层施工→模板施工→混凝土路面施工→混凝土养护→拆模→路缘石安装。

基础土方开挖采用机械开挖人工清基，用压路机将路基压实；路面基层及垫层严格按图纸及规范要求施工，采用机械摊铺，人工找平，机械压实。路面外模采用定型槽钢，上平为混凝土路面标高。混凝土面层施工采用振动梁及平板振捣器振实找平，用插入式振捣器振捣边角，然后采用揉浆机提浆，混凝土压光机压光一遍，覆盖塑料薄膜浇水养护。

场地平整严格按照设计及规范要求控制回填土压实度、场地标高及平整度。采用机械压实及打夯机夯实、人工找平，避免不均匀沉降。

（四）具体施工技术方案

测量放线、降排水施工、土方开挖、爆破施工、地基处理、钢筋工程、模板工程、混凝土工程、土方回填以及建筑装饰、屋面工程、给排水、采暖等，均为常规的建筑工程内容，此处不赘述，只选择重点项目加以简述。

1. 预、直埋螺栓及风机基础环预埋施工

预埋螺栓孔采用定制木模在钢筋绑扎完毕后固定在模板内，混凝土浇筑完毕且终凝之后及时取出。直埋螺栓用钢结构固定架固定。在预埋件上弹出固定中心线，然后焊接固定架立柱及固定螺栓模板。用经纬仪和水准仪配合初步调整螺栓精确位置，待钢筋绑扎完毕后再进行最后精调。螺栓固定架自成体系，不与模板和钢筋相连。螺栓下部用圆钢连系杆与固定架焊牢（多方向）以防止浇混凝土时移位，螺栓上部依靠螺母拧紧来固定，必要时可将垫片与调整模板点焊牢，浇混凝土前将螺栓头抹好黄油用塑料布包好，防止污染及锈蚀。拆模后用钢套管保护螺栓。

基础环安装采用 50t 汽车吊吊装就位，先将基础环吊起，安装提起制作好的支腿，然后吊装就位，最后用水准仪找平找正。验收合格后进行钢筋安装工程施工。

2. 大体积混凝土施工

本工程风机基础与主变基础为大体积混凝土。除了必须满足一般混凝土的施工要求外，还应控制温度裂缝的发生。

（1）温控的防裂措施。

为了有效控制裂缝的出现和发展，必须控制混凝土水化热升温、延缓降温速率、减小混凝土的收缩、提高混凝土的极限拉伸强度、改善约束条件，采取以下措施：

1）降低水泥水热化：① 施工中选用低水热化的矿渣硅酸盐水泥；② 添加高效减水剂，降低水泥用量；③ 选用粒径较大、级配良好的粗骨料；④ 在配筋较少的部位，根据设计要求掺入部分毛石，减少混凝土用量，达到减少水化热的目的。

2）提高混凝土的极限拉伸强度。

选择良好级配的粗骨料，严格控制骨料的含沙量，加强混凝土的振捣，提高混凝土的密实度和抗拉强度，减小收缩变形，保证施工质量。

采取二次投料、二次振捣施工法等方法，浇筑后及时排除表面泌水，加强早期养护，提高混凝土早期或相应龄期的抗拉强度和弹性模量。

在基础内设置必要的温度配筋，在截面突出和转折处，底、顶板与墙角转折处，增加斜向构造配筋，以改善应力集中，防止裂缝出现。

3）控制混凝土的入模温度。

在高温季节施工时，采取浇水降低砂、石子温度，在水中加冰降低水温等方法，减低混凝土入模温度，从而减少混凝土凝固过程的升温，实现降低混凝土内外温差的目的。

4）加缓凝剂，降低混凝土前期水化热。

5）根据热工计算，必要时在混凝土内部埋设薄壁钢管，通水循环降低混凝土内部温度。

6）加微膨胀剂，减少或避免收缩拉力，避免混凝土收缩裂纹。

（2）大体积混凝土测温。

测温采用电子测温仪进行，混凝土浇灌前埋设测温管，把测温线引入，利用电子测温仪读取温度数据。养护时间前 3 天每 8h 测温一次，第 4 天以后每 4h 测温一次，当混凝土内外温差小于 10℃时停止测温，在测温的同时做好测温记录，当混凝土内外温差大于 25℃时，应根据预先设计的方案采取适当的措施，将温差控制在 25℃以内。

（3）浇筑措施。

为了确保大体积混凝土基础的整体性,混凝土浇筑时应保持浇灌的连续性,施工时分层分段浇筑、分层振捣，同时保证下层混凝土在初凝前结合良好，不致形成施工缝。

1）基础平面面积小于 50m² 时，选用分段分层的浇筑方案，如图 3 所示。

混凝土从底层开始浇筑，进行一定距离后回来浇筑第二层，如此依次向前浇筑各层。浇筑所用的方法，使混凝土在浇筑时不发生离析现象。混凝土浇筑高度超过 2m 时，加串筒浇灌。

2）基础平面面积超过 50m² 时，采用阶梯状斜截面推进浇筑。

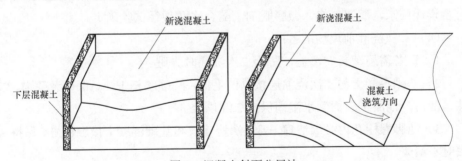

图 3　混凝土斜面分层法

3）养护措施。

养护措施对大体积混凝土的质量影响很大，在大体积混凝土施工前，应根据经验以及当地气候条件制定专门的养护措施，以保证大体积混凝土的质量。

大体积混凝土的养护主要为了保证混凝土有一定温度和湿度，并将混凝土内外温差控制在合理的范围内，主要通过浇水和覆盖相结合的办法。混凝土终凝后在其表面上浇水养护，在基层表面及模板侧面覆盖石棉被保温。在养护期间，定人定时进行测定混凝土内外温度，根据测温结果，调节保温层厚度，以控制混凝土内外温差不超过 25℃，确保混凝土结构不出现温度裂缝。

大体积混凝土基础模板的拆除，除应满足混凝土强度外，还要考虑温度裂缝的影响，当混凝土中心温度与表面温度之差小于 25℃ 后方可拆除模板和保温层，并应在模板拆除后尽可能早回填，以便于混凝土表面保持一定的温度与湿度。

3. 二次浇灌施工

（1）浇灌范围：本工程二次浇灌施工主要为架构基础、变压器基础及部分设备基础的二次浇灌。

（2）二次浇灌条件：

1）设备找平、找正安装完毕，垫铁点焊牢固，焊接部位的焊接质量符合要求，验收合格。

2）穿过二次浇灌层的管道、电缆等敷设完毕。

3）在浇灌时，建筑专业应与安装专业紧密配合，将灌浆工作做好。

（3）二次浇灌原材料要求：

1）设计采用二次灌浆料浇筑时，二次灌浆料必须是合格品，且在保质期内使用。

2）设计采用细石混凝土浇筑时，骨料应按设计要求选用，各项技术指标应符合设计要求，灌浆料掺入微膨胀剂，配合比必须经试验确定。

（4）二次浇灌前现场准备：

1）设备需用塑料布覆盖，防止二次浇灌时弄脏。

2）基础混凝土与二次浇灌层接触的毛面，必须吹扫干净，保证无杂物、油漆、油污，混凝土表面洒水湿润保持 24h 以上。

3）地脚螺栓孔内必须清理干净，螺栓垫板和基础混凝土接触良好，保持浇灌时不漏浆。

4）地脚螺栓露在外面的螺母加装套管，螺母四周留出足够套上扳手的间隙。

（5）施工方法：二次浇灌分两步进行，第一步：浇筑预埋管箱内部或地脚螺栓孔；第二步：浇筑设备台板下方。

（6）二次浇灌振捣：地脚螺栓孔及管箱内部振捣，尽可能使用 HZ6X－35 行星插入式振动棒，当缝隙较小时，采用人工用细钢筋振捣，空隙较大的部位采用 HZ6－50 插入式振动棒结合人工振捣。

（7）二次浇灌施工要点：

1）二次浇灌由项目部工程管理部统一指挥，负责有关土建和安装工作的全面检查与配合事宜。

2）安装工作完毕且验收合格后，进行二次浇灌时，必须签发二次浇灌通知书，经项目部工程管理部批准后，土建专业自接到浇灌通知书后 12h 内必须组织施工。

3）二次浇灌料均采用在现场人工拌制方式，拌制时严格执行实验室开出的配合比，确保拌和料的坍落度及稠度，以满足施工需要。

4）设备基板下及地脚螺栓孔等处二次浇灌浇筑时，要进行体积运算，浇筑完毕后进行浇筑料与预先计算的体积对比，确保浇筑无遗漏且密实。

5）风机基础二次灌浆需一次浇灌完。

6）二次浇灌时，对地脚螺栓四周及底座中的空间必须认真捣实且不得触动垫铁。

7）二次灌浆料浇筑时，制作与所浇灌部位同条件养护试块，为后序作业提供基础资料。

8）在浇灌拌和料前，要预先对设备、螺栓等进行保护，浇灌完毕后，对飞溅到设备和螺栓表面的灰浆立即擦拭干净，并对所浇灌部位根据气候条件进行养护，养护时间不少于 7d。

9）基础二次浇灌层强度未达到设计强度的 50%以前，不允许在机组上拆装重件和进行撞击工作；在未达到设计强度的 80%以前，不允许复紧地脚螺栓和启动机组。

4.建（构）筑物沉降观测措施

（1）观测方法和测量精度：

根据设计院提供的二等高程水准点以及设计建（构）筑物沉降观测点，组成相应的闭合水准路线。根据 GB 50026—2007《工程测量规范》的规定：沉降观测符合二等水准测量技术要求即可满足施工精度。同时，采用满足二等水准要求的精密度水准仪及其配套和铟钢水准尺，并且每次观测时，观测路线、观测方法、仪器、人员、环境和工作条件相同，以确保观测精度。在首次观测前，须对所使用的二等水准点进行复测，符合二等水准测量技术要求后使用。根据设计图纸要求，把沉降观测点分别安装于相应的位置上，并加以保护和设置明显标志，以减少施工中点位损坏。

（2）观测周期和次数：

建（构）筑物基础施工完毕后即可进行第一次沉降观测。第一次沉降观测须连续进行两次，当两次观测点高程之差≤1mm时，取其平均值作为首次观测点高程值。观测周期和观测次数符合设计要求和规范规定。观测期间要定期检测基准点（二等水准点），发现异常及时整改；同时，每次观测时，检查每个观测点的完好情况，如有损坏，及时完善，确保沉降观测的连续性和完整性。

（3）内业计算和资料整理：

每次观测后，对观测数据进行内业计算。首先计算出环线高差闭合差，符合二等水准测量技术要求后，平差计算出各观测点的高程值，作为本次点位高程观测值；同时，进行沉降观测成果表和沉降过程曲线图的整理，便于及时掌握施工期间和运行期间的沉降情况。如果发现观测结果出现异常情况，及时上报业主。

最终提交的资料为沉降观测成果整理表。

二、塔筒及风机安装方案

（一）风力发电机安装的基本要求

（1）机组的安装应根据机组制造厂已审批的机组安装图及有关技术文件，按规范要求进行。制造厂有特殊要求的，应按照制造厂的有关技术文件的要求进行，凡上述规范和制造厂技术文件均未涉及者，应由安装承包人会同制造厂及有关单位拟定补充规定，报制造厂审批后执行。

（2）设备安装前应具备下列条件：基础混凝土（一期混凝土）强度达到设计值的70%以上；安装、调整和固定用的埋件已按要求预埋好；已准确、牢固地设置好机组中心线和高程的基准点；已经取得设计单位和设备制造厂的有关设计图纸、说明书、设备出厂检验资料和合格证，设备到货明细表等资料。

（3）机组和有关附属设备的安装必须在设备制造厂安装指导人员的指导下进行。安装方法、程序和要求均应符合制造厂提供的技术文件的规定，如有变更或修改必须得到安装指导人员的书面通知后进行。除制造厂有关规定的要求之外，其余安装要求按规范执行。

（4）设备到货后，应对设备进行开箱检查、清点，看是否有缺件或损坏。安装前应全面清扫干净。

（5）对重要部件的尺寸、制造允许偏差进行复核，检验结果应符合设计要求，不合格者不允许采用强硬办法进行安装。

（6）安装所用的装置性材料应符合设计要求，对重要部位的重要材料必须有检验和出厂合格证。

（7）机组设备配套的辅助设备、自动化元件、仪表等必须有产品说明书和出厂检验合格证。

（8）埋设部件与混凝土的结合面，应无油污和严重腐蚀。混凝土与埋件的结合应密实，不应有空隙。

（9）各连接部件的销钉、螺栓、螺帽均应按设计要求进行锁定或点焊牢固。有预应力要求的连接螺栓，其伸长值和连接方法应符合设计要求。基础螺栓、千斤顶、拉伸器、楔子板、基础板等均应点焊固定。

（10）组合面的水平和垂直度，不允许在组合面之间用加垫的方法来达到要求。

（11）重要的配合间隙应测量准确，有封闭固定措施，防止杂物进入。

（二）风力发电机安装的基本过程

1. 塔筒安装

（1）底段塔筒安装工作内容为：

1）基础段法兰的清理和准备；

2）变频器和地面控制柜（落地支架）的安装定位；

3）塔筒下部吊耳的固定；

4）塔筒表面检查、清理、补漆；

5）主吊和尾吊配合将塔筒吊装到地基法兰上；

6）法兰对接螺栓固定；

7）卸下吊耳；

8）内饰件和内部路线的整理。

（2）中段塔筒安装工作内容为：

1）塔筒下段顶法兰的清理和准备；

2）塔筒中段吊耳的固定；

3）塔筒表面检查、清理、补漆；

4）主吊和尾吊配合将塔筒吊装到下端顶法兰上；

5）法兰对接螺旋固定；

6）卸下吊耳；

163

7）内饰件和内部路线的整理。

（3）上段塔筒安装工作内容为：

1）塔筒中段顶法兰的清理和准备；

2）塔筒上段吊耳的固定；

3）塔筒表面检查、清理、补漆；

4）主吊和尾吊配合将塔筒吊装到中端顶法兰上；

5）法兰对接螺旋固定；

6）卸下吊耳；

7）内饰件和内部路线的整理。

2. 机舱安装

机舱安装的工作内容为：

（1）将风向标和风速仪安装在机舱的顶部。

（2）用两条绳索固定在机舱的两侧，两名安装工人在地面上对机舱的移动进行控制。塔顶、吊车、地面指挥人员和控制起重人员共同配合进行吊装。

（3）塔顶安装人员指挥并控制吊机，将机舱底部法兰与塔筒顶部法兰进行对接。

（4）法兰对接螺栓固定。

（5）卸下吊具。

3. 地面组装叶轮

地面组装叶轮工作内容为：

（1）将轮毂定位在地面上吊装位置上。

（2）在吊车和地面人员的配合下将三片叶片依次安装到轮毂上。

（3）用泡沫衬垫物将叶轮支撑好。

4. 叶轮吊装

叶轮吊装的工作内容为：

（1）将吊耳安装在叶轮的吊装固定环上。

（2）每片叶片的边缘保护器上挂一条 150～200m 长的绳索。

（3）主吊辅吊配合将叶轮提升到 40m 高度后，使叶轮轮毂的连接法兰平面与机舱的连接法兰面相平行。

（4）地面工作人员配合控制叶轮的摆动和位移。

（5）徐徐提升叶轮将叶轮安装到机舱上的对接法兰上。

（6）用螺栓将叶轮固定在机舱的固定法兰上。

（7）卸下吊具。

（三）转场方案

（1）吊车在两台风机间转移时，自行至另一台风机基础边，进行下一风机施工。

（2）当条件无法满足时，将臂杆拆除后，行至另一台风机基础边，再将臂杆组接至要求工况，拆装组合场 100m×6m。

（3）将 LR1400 履带吊拆除后，拖车运至另一台风机基础边，再将 LR1400 履带吊组接至要求工况，拆装组合场 100m×6m。

三、电气施工方案

（一）工程概况

（1）风电场安装主要包括：塔筒、风力发电机、箱式变电站、主控楼、110kV 升压站安装工程、35kV 屋内外配电室、35kV 架空线路、35kV T 接电缆、场区控制电缆敷设、全场接地、设备试验工作等。

（2）风电机塔筒高度：预选风力发电机轮毂高度 65m。

（3）本期工程风电场风力发电机组单机容量为 1500kW，出口电压为 0.69kV，接线方式采用一机一变的单元接线。箱式变电站选用的变压器为 S10−1600/35/0.69kV，接线组别均为 Dyn11，短路阻抗值为 6.5%，风机出口电压 690V 经电缆引下至箱式变压器低压侧，由箱式变压器升压至 35kV，在通过 35kV 电缆 T 接到 35kV 架空线上，每回架空线路均 T 接 8~10 台风机，本期全场 3 回架空线，分别接入风电场场内 110kV 升压变电站的 35kV 开关柜内。

（4）110kV 升压变电站安装一台 110/35kV、45MVA 有载调压电力变压器。

（5）工期要求：本期工程拟在 2007 年 7 月开工，2007 年 12 月全部并网发电。

（6）每台风机通过 240h 稳定运行试验合格后直接进入试生产期。

（7）质量要求：本工程质量必须全面达到国家和电力行业颁布的标准，高水平达标投产，创国优、争鲁班奖。

（二）主要安装方案

1. 风电场主要安装工序

（1）风电场变电站安装。

（2）27 台风电机、箱式变压器顺序安装。

（3）第一、二、三回 35kV 场区环网架空线路安装。

（4）27 台风电机环网 35kV T 接电力电缆按照设计分配顺序安装，中控远程监控电缆敷设、接线。

（5）风电场变电站调试、送电。

（6）第一、二、三回 35kV 场区环网架空线路、高压电缆和箱式变压器试验、受电。

（7）27 台风电机顺序调试、试验、开机、软并入环网发电。

2. 风电场变电站 110/35kV 高压电力变压器安装

（1）变压器安装前的检查与保管。

本工程主要安装一台 110/35kV、45MVA 有载调压电力变压器。

变压器及附件到达现场后，应及时会同有关部门检查本体和冲击记录仪的冲击记录。按铭牌和图纸等有关资料核对产品型号。充氮运输的变压器油箱内应为正压，其压力为 0.01～0.03MPa。

附件必须放在干燥、通风良好的库房内，带油运输的组件如电流互感器、升高座等仍应充油储存，并经常巡视。变压器主体停放在高出地面的基础上，周围附近不得堆积杂物或有积水，主体应远离施工作业区。

（2）变压器器身检查。

器身检查前必须进行油务处理并经色谱分析合格，主要指标水含量、油耐压、介损、油含气量必须符合规程的要求。

器身检查的方式报监理及业主，按批准的方式进行检查。

器身检查前应提前 3 天预知天气情况，应选择晴好的天气施工，做好防雨、防雪、防风、防沙尘的措施，施工场地区域无尘土。

器身检查时周围空气温度低于零度时应将器身加热，宜使其温度高于周围空气温度 10℃。

充氮的变压器在吊罩前，必须让器身在空气中暴露 15min 以上，待氮气充分扩散后进行检查工作。

器身检查时周围空气湿度小于 75%时，器身暴露在空气中的时间不得超过 16h。

检查运输支撑和器身各部件应无移位，拆除运输用临时防护装置和其他连接部件。

检查所有紧固件无松动，绝缘螺栓无损伤，防松绑扎完好。

检查铁芯无变形，铁芯与拉带、拉带与夹件之间无损伤，绝缘良好，紧固螺钉无松动。用摇表检测铁芯与夹件间的绝缘是否良好，铁芯应一点可靠接地。

检查引线的夹持、捆绑、支撑和绝缘的包扎是否良好。高低压引线外包绝缘应无损伤，对地距离符合要求。

检查分接开关接触良好，各分接头光洁且接触紧密、弹力良好，转动接点与指示器位置一致，转动灵活、密封良好。

有载调压切换装置的选择开关、范围开关应接触良好，分接引线应连接正确、牢固，切换开关部分密封良好。必要时抽出切换开关芯子进行检查。

变压器高、低压绕组三相短接，测量高压绕组、低压绕组对地（及铁芯）和其相互间绝缘电阻、吸收比，测量铁芯对地的绝缘电阻。

检查完毕和试验完成后，将油箱中的残油、污物、油箱底部进行一次全面、彻底的清理，检查核对所有工器具齐全。公司质监、风电场、监理、厂方签证后方可扣罩或封闭。

（3）附件安装。

电流互感器变比、高压套管、储油柜、冷却器、气体继电器、安全气道等变压器附件按顺序检查，安装应符合规程的要求。

（4）注油。

采用真空注油和热油循环后进行整体密封试验应良好，电气试验符合规范及厂家技术资料的要求，油位符合厂家产品技术资料的要求。

3. 风电机电气安装

（1）准备工作：

1）应根据风电机供货厂家提供的"安装手册"编制作业指导书，对参加安装的全体人员必须进行技术、安全交底工作。

2）参加安装的登塔作业人员，事前必须进行相应的登高作业的体检，经检查身体合格后并在现场进行必要的适应性训练后方可参加登高作业，登高作业人员配齐安全防护用品。

3）风电机的电气安装工作应在制作厂商的现场技术人员的指导下进行各项工作的施工。

（2）塔筒内电气安装：

1）根据"安装手册"配合塔筒的吊装工作，提前进行各段塔筒内的电缆布线、固定、附件安装工作，并做好相应标示工作，检查好各层中间作业平台，准备好手提照明电筒。

2）根据"安装手册"，配合塔筒基础检查、电缆预埋管检查、塔内控制电器基础检查、控制电器的组装和塔筒的吊装工作，穿插进行塔内控制电器安装工作。

3）根据接线图纸逐一检查校核电缆连接线芯应正确,使用厂供专用附件制作电缆终端头和中间接头,绝缘应良好,照明安装符合设计要求。

4）检查塔筒接地连接应符合设计要求（包括工作接地和防雷接地）,测量接地电阻值应满足风电机安全运行的要求。

5）塔筒内的电气安装工作应符合 GB/T 19072—2010《风力发电机组——塔架》的有关要求。

（3）风电机的检查、安装:

1）风电机组到达现场后,应逐一检查登记每台风电机的编号、规格、型号符合设计要求,产品检验合格证齐全,随机技术资料齐全。

2）风力发电机的电气试验检验的项目应按照 GB/T 19070.1—2003《风力发电机组　异步发电机　第 1 部分:技术条件》的有关要求进行,试验项目齐全。

3）风力发电机组的机械检验的项目应按照 GB/T 19070.1—2003《风力发电机组　异步发电机　第 1 部分:技术条件》的有关要求进行。

4）检查发电机定子绕组的出线端及接线板的接线位置上均应有相应的标志。

5）检查发电机本体、轴瓦的检测元件装置、仪器仪表齐全且符合设计要求,检测报告齐全。

6）检查齿轮油箱的检测元件装置、仪器仪表齐全且符合设计要求,检测报告齐全,检查油位符合要求（包括齿轮油泵系统）。

7）在风力发电机吊装前,按照"安装手册"的要求将部分预装控制电缆盘好并固定牢固后一起和风力发电机组进行吊装。

8）风力发电机组吊装就位及桨叶固定完毕后,按照"安装手册"的要求,在制作厂商的现场技术人员的指导下进行控制电缆和电力电缆的接线工作,各种电缆的预留长度必须满足风力发电机的最大偏航运行角度的要求,接线端子的连接必须正确且牢固。按照接线图纸检查机舱内部各检测点的接线应正确（如:测温、震动、风速、风向、油压、油位、照明、停机制动、偏航、传感器、限位、转速、电气参数、制动闸块磨损、电网失效等）。

4. 箱式变压器安装

（1）根据施工图纸检查箱式变压器基础的标高、坐标、方向、基础尺寸、水平度、预埋铁件、预埋电缆保护管、接地线、电缆沟道等应符合设计要求。

（2）检查箱式变压器的规格、型号符合设计要求。

（3）在箱式变压器基础上标出安装中心线，并将基础平面清理干净。

（4）用吊车将箱式变压器吊起就位，就位方向应正确，检查箱式变压器的水平度应符合规范的要求。

（5）按照"安装手册"和规范的要求进行电气设备交接试验，试验记录应齐全正确。

5. 风电机电气调试、试验

（1）风电机的电气调试工作应配合制造厂家现场技术人员按照厂供"使用手册"和 GB/T 19070—2017《失速型风力发电机组　控制系统　试验方法》、GB/T 18451.1—2012《风力发电机组　设计要求》、GB/T 19073—2018《风力发电机组齿轮箱设计要求》、GB/T 19072—2010《风力发电机组　塔架》、GB/T 19071.1—2003《风力发电机组　异步发电机　第 1 部分：技术条件》、GB/T 19069—2017《失速型风力发电机组　控制系统　技术条件》、GB/T 18451.2—2012《风力发电机组　功率特性测试》等有关要求进行，并作好调试记录，调试记录应齐全。

（2）风电机的电气控制功能调试应包括：就地自动监控控制器、逆变器、机舱控制功能和远程监控功能的试验均能满足设计和运行要求。

（3）电气安全试验主要包括：控制柜、机舱控制箱等电气设备、电缆的绝缘水平检验、接地系统检查、耐压检查、相序检查等均应符合设计要求。

（4）风电机安全保护性试验项目应符合"使用手册"和国家有关风电标准的要求。

（5）风电机的软并网试验应符合"使用手册"和国家有关风电标准的要求。

6. 风电场环网 35kV 架空线路安装

（1）水泥线杆安装：

1）根据设计施工图纸勘测确定架空线路路径及线杆位置，杆基定位位移不大于 50mm，档距不大于设计档距的 1%。

基坑开挖深度、宽度应符合设计图纸和规范的要求，基坑应夯实，马道应方便线杆顺利起吊的方向（车辆可以进入的杆位使用 50t 汽车吊立杆，车辆不能进入的杆位采用抱杆加绞磨立杆）。

2）盘底安装位置正确、水平、牢固，标高、纵横中心线符合设计要求。

3）修整简易杆（塔）运输道路，杆（塔）组合场地应平整。

4）利用枕木搭设调整线杆组合平台，检查水泥线杆无裂纹、无露筋、无损伤，在组对钢圈焊接面打 V 形坡口，在线杆中分面弹出相差 90°的墨线，线杆相对应保持顺直，拉线检查线杆两面的不直度应符合规范要求（不大于杆身长度的 0.1%）。

5）环形焊口多层焊接成型密实、饱满、牢固、可靠、美观，焊缝应有一定的加强面，防腐油漆完整。

6）正确选择线杆起吊吊点，至少 3 根防风拉绳，地锚牢固，缓慢起吊、竖起，准确进入基坑内的磐石，调整线杆竖直，用经纬仪检测竖直度不大于 0.3 的杆长，回填土分层夯实，预留马道沉降土层。

7）直线杆（包括耐张杆）、转角杆、终端杆的安装应符合规范要求。

8）横担、金具、绝缘子、拉线的安装齐全、牢固，应符合设计和规范的要求。

9）线杆的安装应符合 GB 50173—2014《电气装置安装工程 66kV 及以下架空电力线路施工及验收规范》的要求。

（2）导线架设：

1）事先检查导线架设路径跨障碍脚手架（沙杆），保证线路架设安全。

2）按照耐张段逐一放线，紧线，先施工地线，后施工导线。

3）在直线杆绝缘子处悬挂单滑车，牵引绳通过滑车牵放地、导线，地、导线不准拖地敷设。

4）紧线弧垂为设计值的 −2.5%～＋5%，且最大正误差不大于 200mm。

5）导线金具连接齐全、牢固。

6）导线、过引线的相间、对地距离符合设计要求。

7）接地线接地符合设计要求。

8）导线的架设应符合 GB 50173—2014《电气装置安装工程 66kV 及以下架空电力线路施工及验收规范》的要求。

（3）高压 35kV 电力电缆安装：

1）根据设计施工图纸测量确定电缆敷设路径，电缆敷设路径的开挖深度、宽度应符合设计图纸和规范的要求（必须在冻土层以下）。

2）清除开挖沟渠中坚硬的沙砾、石块，防止损伤电缆。

3）直埋电缆的上、下须铺不小于 100mm 厚的软土（不能有杂物、硬石块）或细沙层，并盖以混凝土保护板，其覆盖宽度应超过电缆两侧各 50mm，也可以用红砖代替混凝土盖板（或按照设计要求施工），保护盖板上面覆盖回填土。

4）电缆敷设路径应做好现场的标记，高压电力电缆上杆处的电缆保护管固定牢固，并做好隐蔽工程施工记录。

5）高压 35kV 电缆终端头的制作，必须由经过培训合格并熟悉工艺的专业人员进行，也可以在电缆厂家现场技术人员的指导下使用专用工具严格按照制作工艺规程要求进行操作，电缆终端头的制作必须连续一次完成，以免受潮。

6）电缆终端头应固定良好，隐蔽层接地正确良好，两端相色正确，电缆标示牌正确齐全。

7）按照电气设备交接试验的有关要求进行交接试验，试验记录应齐全。

7.　接地装置施工

本工程接地网施工包括：风电场变电站接地网、各风机接地网、35kV 线路接地网施工，全场整体各接地网接地电阻的测试工作。

（1）接地装置的施工包括垂直接地体、水平接地体施工。

接地极用无齿锯切割后，顶部气割成尖状，将接地卡子焊接于接地极顶部下方 100mm 处，焊接牢固，焊口进行除锈、防腐处理。

接地工程施工为隐蔽工程，质检部门验收合格后方可回填。

回填土为纯土，不得加有石块和建筑垃圾等，外取的土壤不得有较强的腐蚀性，回填时应分层夯实。

（2）全场的所有电气设备，如塔筒、发电机、变压器、电动机、断路器、隔离开关、控制柜台、保护屏、动力箱、照明箱、高低压动力电缆、电缆桥架支架、设备支柱、线杆等，都必须与主接地网相连接，接地点必须明显，标示清晰，用螺栓接地处至少应有 2 个紧固点。

断开和主接地网的连接点，测量各段的接地电阻和整体接地网的接地电阻，符合规程要求。

（3）隐蔽工程施工记录及附加图纸应正确、完整，符合质保的要求。

8.　风电场变电站高压配电装置电气设备安装

（1）高压 110kV 断路器安装：

1）根据施工图纸检查设备基础的标高、中心线、尺寸、水平度、预埋铁件等符合设计要求。

2）断路器底座支架安装。

3）断路器支柱灭弧室极柱安装。

4）断路器机构安装。

5）控制柜安装。

6）断路器管路连接。

7）电气连线。

8）抽真空充入 SF_6 气体。

9）断路器接地连接。

10）实验与调整。

11）断路器安装记录应正确、签证齐全。

（2）室内高压 35kV 配电装置安装：

1）根据施工图纸配合建筑施工安装开关柜基础，型钢基础安装应符合厂家对设备基础水平的要求，接地连接符合规程要求。

2）高压 35kV 开关柜运到现场后，按照开关柜的排列顺序依次开箱按照图纸检查开关柜的规格、型号等参数应符合设计要求。

3）按照图纸安装顺序从里到外逐一运输安装就位。

4）开关柜箱体的连接应符合厂家安装资料的要求，一次、二次电缆穿线孔满足施工的要求。

5）按照安装图纸的要求依次安装各相母线，连接件应齐全，母线螺栓紧固力矩应符合规范的要求，检查各项母线的间距符合规范要求。各分支线连接相序正确。

6）依照图纸检查一次、二次设备的规格、型号、连线正确。

7）电缆接线。

8）在设备厂家现场技术人员的指导下逐一对设备进行调整试验。

9）开关柜设备试验。

10）开关柜的安装试验记录正确、签证齐全。

9. 风电场变电站电缆敷设

（1）电缆敷设清册必须由专职技术人员依据设计电缆清册、电缆断面排列图、桥架走向、分层次、分种类进行编制，按照高压电缆、动力电缆、控制电缆、直流电缆、计算机电缆、通信电缆、检修及照明电缆等顺序进行分册编制，同时依据施工图纸提出各种电缆的需用计划。

（2）依据电缆敷设清册编制电缆标示牌，内容描述正确，符合验标的规定，电缆标示牌的分类保管应与电缆敷设清册相对应。

（3）电缆敷设前，应组织各组负责人熟悉电缆敷设路径，安排电缆转弯、路由层次，避免交叉，安排专人负责起点、终点两端设备的位置确认，提出并组织落实充足的劳力计划。

（4）根据电缆敷设的顺序，从仓库逐一调运电缆盘，并检查每盘电缆的绝缘情况，必须符合规程要求，无绝缘缺陷存在。

（5）电缆敷设时，电缆盘应集中在电缆比较集中敷出的一端，专人负责敷设清册的保管和指挥挂牌，按照清册顺序逐一敷设，每一根电缆必须敷设正确到位，两端挂牌无误。电缆在桥架上排列整齐并成一条直线，转弯处按序排列美观，电缆绑扎一致，无刺头。电缆应根据各设备的分支架、固定架的位置按照顺序穿入，根据各设备的接线位置确认电缆的切割长度，防止浪费电缆。

（6）电缆在敷设的过程中，应对每根敷出的电缆做出标记，避免错放、漏放、多放情况的发生；对有中间接头的电缆必须在清册中做出明确的记录；对高压电缆敷设时，应掌握每根电缆的长度，不宜出现中间接头，按照先长后短的原则进行敷设。电缆的穿管必须按照事先预埋的电缆保护管的位置，对号入座。高压电缆的敷设到位切断后应采取密封措施，防止电缆端头受潮。

（7）每批电缆敷设完毕后，根据记录情况，安排电缆中间接头的制作，制作工艺符合规范、验收标准的要求。

（8）电缆终端头制作接线。

电缆接线端子必须选用与电缆材质、截面相同的材料，使用专用的压接钳工具，选用正确的模具。高压电缆终端材料选用热缩式或冷缩式（冷缩式工艺简单），应与电缆的规格一致，应根据设备位置、接线盒、CT 等具体工具情况，确定电缆头固定的位置和接线的长度，电缆保护层剥除时注意不能伤及芯线的绝缘。接线端子必须压接牢固，绝缘包扎符合工艺要求，相色两端正确，接地铜编织线选用截面正确。对于接线困难的设备，必须保证过渡可靠，相间距离、对地距离满足规程和验收标准的要求，对于电缆头在零序 CT 以上的电缆，其接地零线应穿回零序 CT 后接地。

就地电缆在制作终端头前，应根据电缆保护管端口到设备接线盒的长度、公称口径选择金属软管和卡套，电动机的接地线可以通过专用的黄绿接地线（截面积大于 $25mm^2$）和电缆保护管连接。

高压电缆终端头制作完毕后（两端），必须经过直流耐压试验合格后，方可接入设备，端子压接牢固，相序正确，电缆标示牌正确。

（9）电缆防火施工。

根据施工图纸的要求在电缆施工完毕后送电前，使用防火涂料、耐火浇注料、耐火胶泥、防火包等对电气设备的孔洞、电缆沟道进出口、电缆竖井的进出口等部位进行封堵、涂刷，并将设备内部清理干净。

10．风电场变电站直流系统安装

（1）蓄电池架安装。

首先应检查验收蓄电池室的土建工程已完工并符合验收的规定，核对预埋铁件的位置尺寸符合安装的要求，核对蓄电池架安装的位置中心线尺寸符合图纸的要求。

根据厂家供货技术资料的要求安装电池支架，每列的间距尺寸应一致，检查电池架的水平高度应一致，固定应牢固，端头排列整齐。

（2）蓄电池安装。

开箱逐一检查电池的极板、隔板、外壳符合质量要求，按照电池极性、方向正确安装电池。电池底部无杂物，排列整齐平稳，受力均匀，每列电池顶面水平偏差平直度≤±2mm，每列电池侧面平直度偏差≤±2mm。

（3）蓄电池极板连接。

使用软铜刷和白布清洁极板，连接面要求平整光亮。极板连接面涂中性凡士林，要求均匀无滴流。统一方向穿螺栓连接，连接紧固，电池串接依次正确，极板不得扭曲变形，电池极柱不得承受扭拉应力。电池依次标号，要求标示正确、齐全、美观。电池安装完毕，检查极性正确，电池无损坏，500V绝缘电阻表对地绝缘≥0.4MΩ。清洁现场，电池盖塑料布防污染。检验整组电池极性连接正确。

（4）蓄电池充放电容量检测。

对充电器送电，连接蓄电池放电电阻对充电器调试：测量整流输出，电压波形，整定过压、过流值、在稳压、稳流、浮充状态下观察充电器的输出应稳定。

蓄电池组及充电器连接，认真检查电池系统的总电压和正、负极性，并将电池组一个端子连接片断开，充电或负载电路开关位于"断开"位置，防止短路并保证连接正确，蓄电池的正极与充电器的正极连接，负极与负极连接正确。

1）蓄电池补充充电：

补充充电方法如下：充电电压取每单体2.25V，充电8h。补充充电程度检查：补充充电接近充电结束时，充电电流逐渐减小并最终趋于稳定。如果充电电流连续三小时保持恒定，即表明电池已充电至额定容量的90%～98%。

2）蓄电池放电容量检查及再充电：

蓄电池补充充电完成后，按厂家规定的放电电流及时间放电；无厂家规定时，按10h放电率电流放电。放电完成后，测量电池单体电压与电池组平均电压的差值应≤1%，单体电压应≥1.8V。蓄电池初次放电不宜过快。其放电容量在25℃时应达到额定容量的90%。蓄电池充放电达到要求后，立即按初充电方式进行再充电，搁置时间不得大于10h。

3）蓄电池充放电过程中，应每隔 1h 测量记录各单体电压并监视是否有电压异常、物理性损伤、电解液泄露、温度异常等情况发生。充、放电结束后，应绘制整组蓄电池充放电特性曲线，并与厂家特性曲线相似。

4）电池充足后应转为浮充电状态，浮充电压按厂家规定值整定。充放电结束检查电池不得有弯曲变形等现象。充放电完成后，清扫电池表面、地面，移交运行前，应按产品技术要求进行使用与维护。

11. 风电场变电站交流不停电电源安装

（1）将 UPS 主机整体运输到位，开箱检查外观无损且技术资料齐全，依据施工图纸安装 UPS 主机柜体，垂直度、水平度符合规范要求，按图纸接线要求进行接线，检查蓄电池电源、交流电源连接正确符合图纸要求，达到调试条件。

（2）配合厂家专业技术人员依据厂家技术资料逐一检查各元件装置应符合配置要求，检查测试逆变器应工作正常，各项功能试验应符合设计要求。输出电能各项指标符合技术要求，满足风电场 NCS 系统、保护、安全系统等对高质量电源的需求。

12. 风电场二次接线

（1）二次接线的原则顺序为：主控 NCS 间、110kV 配电、35kV 配电、站用 MCC 控制中心、各就地设备（包括泵房）、各风电机。

（2）二次接线的编号头使用电子打号机统一制作，长度、内容应要求统一，编号头的孔径应与电缆芯线的线径匹配。

（3）整理排列电缆前应根据设计接线图纸清点电缆的数量、规格型号、电缆编号、起始点应符合图纸要求。

（4）根据设计施工图纸电缆的接线位置整理排列电缆，电缆通过分支桥架或电缆进盘固定支架按顺序排列。电缆的弯曲弧度应一致，不准有交叉、扭曲情况，绑扎间距一致并均匀，固定牢固，电缆排列观感美观。

（5）剥除电缆护套不能伤触芯线绝缘，芯线束应顺直，芯线排列整齐一致，绑扎间距一致。

（6）电缆编号头按照图纸要求套穿，后接线的电缆必须校线正确后方可套穿编号头，编号头的穿向正确。

（7）接线端子排的接线芯线的预留弯曲弧度应一致，芯线接入端子的位置必须符合图纸的要求，芯线的导体不能外露出接线端子，编号头的字体方向应一致。

（8）电缆标示牌应统一悬挂，对应电缆正确，悬挂观感美观。

（9）接线完成后，再次核对图纸端子接线数量、位置、弓子线、端子配件等正确齐全，清理干净设备内部，恢复防护装置。

（10）就地设备电缆接线应根据施工图纸核对就地设备和电缆符合设计，就地电缆穿电缆保护管、金属软管及附件齐全，电缆芯线校线正确，接线端子正确，电缆标示牌悬挂正确，接线完毕后防护装置恢复正确、配件齐全。

13. 风电场二次回路调试传动

（1）依据施工图纸、"使用手册"逐一检查开关、互感器至主控 NCS 控制系统或 PLC 对应 I/O 卡的接线应符合图纸要求，检查交流回路正确，综合保护、变速器、各风电机的远程监控调试完毕恢复接线正确，NCS 画面各系统监控参数正确齐全，满足各风电机的安全启、停和运行的要求。

（2）各系统开关本体就地跳合闸正确，防跳试验符合要求，系统保护、单元综合保护、各风电机保护出口跳闸正确，低电压跳闸正确，高低压连锁跳闸及互为备用闭锁符合设计要求，逻辑自动回路动作正确。

（3）主控室 NCS 操作员站发布指令逐一传动各开关，各风电机远程控制器其对应的动作、指示、音响及画面指示正确，逻辑关系正确。

14. 风电场变电站各系统受、送电顺序

（1）蓄电池直流系统送电。

（2）UPS 系统送电。

（3）主控 NCS 系统受电。

（4）110kV 配电装置受电。

（5）110/35kV 主变压器受电。

（6）35kV 配电装置受电。

（7）站用 400/220V 系统受电。

（8）风电场 35kV 各环网系统受电。

（9）各风电机 35kV 箱式变压器受电。

（10）各风电机并网。

四、季节性施工措施

（1）定期清理施工场内的排水沟道，保证排水畅通，工地应准备足够的防水材料和排水器材，如防雨布、篷布、水泵等。

（2）雨季前仔细检查防雷、防风、防雨设施，施工现场应统一做好避雷接地网。

（3）施工用电设施应加防雨罩，漏电保护装置应灵敏有效、绝缘良好。

（4）施工机械在雨季重点做好电气部分的防雨、防潮工作，手持电动工具应确保绝缘良好，操作人员应穿绝缘胶鞋，戴绝缘手套。操作架、走道板等应增加防滑措施。

（5）与当地气象部门联系，安排专人记录并通报天气、风力情况，现场设置天气风力公布栏。

（6）减少临时吊挂，就位设备加设揽风措施。

（7）大型施工机械配备风力风速仪。

（8）施工机械在施工作业、安装及拆除作业过程中严格按照操作规程的风力等级使用。

（9）超过施工机械的正常停车风力（8级风以上）时，应采取相应特殊措施。如移动机械可停在避风位置，使吊臂放落地面，或放在特设的固定支撑位置；电动轨道机械，除夹紧防风装置外，应拉好揽风线绳。

五、工程成本的控制措施

（1）选派精干技术、管理人员，减少施工管理方面的环节，提高管理及生产效率，降低项目管理的费用。

（2）开工前将程序进行分解，制订劳动力用工计划，在工程中建立劳力预警系统，做到随工程进展要求随时增减劳力，避免窝工或劳动力不足。

（3）优化施工方案，合理布置机械，统筹安排，提高使用效率，减少设备二次搬运和机械设备的搬迁，降低工程成本。加大设备包装材料的利用，措施性材料应尽可能重复使用。

（4）加强图纸会审，对设计不合理之处及时提出变更，合理安排交叉作业，避免在施工过程中造成返工，浪费人力物力材料。

（5）加强物资采购计划管理，材料采用上坚持"货比三家"，减少库存，减少积压。

（6）加强现场材料、设备及施工用水、用电管理，杜绝浪费现象。

（7）电缆敷设前要经过精确计算，尽量减少两端余量，从而减少电缆用量。

参 考 文 献

[1] 风力发电工程施工与验收编写组. 风力发电工程施工与验收 [M]. 北京：中国水利水电出版社，2009.

[2] 中国电力企业联合会. 风力发电工程施工组织设计规范：DL/T 5384—2007 [S]. 北京：中国电力出版社，2007.